中国环境规划政策绿皮书

中国环境经济政策
发展报告2020

China's Report on Environmental Economic
Policy Progress 2020

董战峰　葛察忠　郝春旭　等/编著

U0384506

中国环境出版集团·北京

图书在版编目（CIP）数据

中国环境经济政策发展报告.2020/董战峰等编著.—北京：中国环境出版集团，2021.12
（中国环境规划政策绿皮书）
ISBN 978-7-5111-4826-1

Ⅰ．①中⋯　Ⅱ．①董⋯　Ⅲ．①环境经济—环境政策—研究报告—中国—2020　Ⅳ．①X-012

中国版本图书馆 CIP 数据核字（2021）第 242599 号

出 版 人　武德凯
责任编辑　葛　莉
责任校对　任　丽
封面设计　彭　杉

出版发行　中国环境出版集团
　　　　　（100062　北京市东城区广渠门内大街 16 号）
　　　　　网　　　址：http://www.cesp.com.cn
　　　　　电子邮箱：bjgl@cesp.com.cn
　　　　　联系电话：010-67112765（编辑管理部）
　　　　　发行热线：010-67125803，010-67113405（传真）
印　　刷　北京中献拓方科技发展有限公司
经　　销　各地新华书店
版　　次　2021 年 12 月第 1 版
印　　次　2021 年 12 月第 1 次印刷
开　　本　787×1092　1/16
印　　张　16
字　　数　200 千字
定　　价　112.00 元

中国环境出版集团郑重承诺：
中国环境出版集团合作的印刷单位、材料单位均具有中国环境标志产品认证；
中国环境出版集团所有图书"禁塑"。

《中国环境规划政策绿皮书》
编 委 会

前　言

　　环境经济政策是一类利用财税、价格、金融、交易等经济政策工具调控环境行为的政策。与行政管制型政策相比，它更注重运用市场经济手段对经济主体进行内生调控，有利于形成生态环境保护的长效机制。随着生态文明建设的深入推进，我国生态环境保护工作向纵深发展，环境政策体系在加速转型，环境经济政策越来越受到重视。当前，环境经济政策正进入快速发展阶段，在创新与实践上正面临前所未有的机遇。高质量发展动力转换、绿色发展结构转型、打赢打好污染防治攻坚战等，对环境经济政策实践提出了新的要求，需要建立一套更加公平、合理、长效的环境经济政策体系，需要更加科学化、精细化、能够支撑环境质量目标管理的政策。

　　面对快速变化的宏观政策形势以及新时期生态环境保护工作对环境经济政策创新的迫切需求，为了更好地推进环境经济政策创新与应用，发挥环境经济政策的功能作用，持续开展环境经济政策的跟踪评估十分必要。生态环境部环境规划院是我国环境经济政策理论技术方法与应用研究的顶尖智库，长期从事环境投资、环境税费、绿色价格、环境权益交易、生态补偿、绿色金融等环境经济政策研究，作为科学技术支撑单位，为生态环境部、财政部等管理部门以及地方政府的环境经济政策试点、政策制定与实施提供了智力支持。为了更好地推进环境经济政策的研究与应用，让社会各界能够对国家环境经济政策实践最新进展有一个系统全面的了解，生态环境部环境规划院组织编制了《中国环境经济政策发展报告 2020》绿皮书。

《中国环境经济政策发展报告 2020》在大量调研和政策文件分析的基础上，系统跟踪评估国家和地方环境经济政策实践最新进展，研判环境经济政策发展形势，分析年度各类型环境经济政策动态变化、成效与问题，提出未来的改革方向，并对年度最能反映国家和地方环境经济政策进展的典型政策进行了摘录。希望该年度报告能够成为社会各界研究和了解我国环境经济政策实践年度进展的参考书、工具书，也希望通过分享交流，助推我国环境经济政策研究和决策。

在本年度报告编写过程中，得到了生态环境部综合司、法规标准司等管理部门领导的大力支持和指导，也得到了江苏、甘肃、四川、浙江、上海、安徽、福建、广东、贵州、云南等省（市）生态环境主管部门的大力支持，还得到了生态环境部环境规划院陆军书记、王金南院长等领导的大力支持，在此表示衷心的感谢！

本年度报告由董战峰、葛察忠、郝春旭牵头组织编制，由董战峰、郝春旭统稿。本报告一共 11 章，第 1 章主要完成人为葛察忠、郝春旭、胡睿，第 2 章主要完成人为璩爱玉、葛察忠，第 3 章主要完成人为毕粉粉、连超，第 4 章主要完成人为郝春旭、彭忱、周全，第 5 章主要完成人为向蔓菁、赵元浩、周全、董战峰，第 6 章主要完成人为龙凤、周佳，第 7 章主要完成人为程翠云、宋祎川，第 8 章主要完成人为张哲宇、杜艳春，第 9 章主要完成人为王青，第 10 章主要完成人为张哲宇、宋祎川，第 11 章主要完成人为李婕旦、贾真、吴嗣骏、杜艳春、应劼政。感谢生态环境部环境规划院相关研究人员对本年度报告写作和出版的重要贡献，本年度报告的出版离不开他们辛勤而又卓有成效的工作。

希望本年度报告的出版会为生态环境有关政府部门管理人员、高校院所从事环境经济政策研究的专家学者，以及有关专业的研究生提供参考。此外，有必要指出的是，限于编写人员的能力水平以及资料占有的局限性，报告中的一些结论可能会存在争议，希望诸位同仁一起，多加探讨交流，也恳请广大读者批评指正！

董战峰

2021 年 3 月 14 日

2020 年，是全面建成小康社会和"十三五"规划的收官之年，也是生态环境部环境规划院建院 20 周年。环境经济政策改革处于前所未有的大好形势，中央高度重视推进改革，地方积极实践探索，环境经济政策体系不断健全完善。党的十九届五中全会通过了《中共中央关于制定国民经济和社会发展第十四个五年规划和二〇三五年远景目标的建议》，明确提出：发展绿色金融；全面实行排污许可制，推进排污权、用能权、用水权、碳排放权市场化交易；建立生态产品价值实现机制，完善市场化、多元化生态补偿；完善资源价格形成机制。

《中国环境经济政策发展报告 2020》采取"自下而上"的方法，针对年度环境经济政策进展情况开展系统评估，评估对象包括我国正在实行的 10 项重点环境经济政策，如环境财政、环境价格、环境权益、生态补偿等，在分门别类进行系统评估的基础上，作出年度环境经济政策发展形势研判。

总体来看，环境经济政策为打赢打好污染防治攻坚战持续提供了动力保障，有效支撑、服务了高质量发展，助推了美丽中国建设。2020年，中央环境保护财政专项资金共安排 483.2 亿元用于水、大气、土壤及农村环境治理。中央财政下达重点生态功能区转移支付资金 794.50亿元；新安江、汀江—韩江等跨省流域持续开展上下游横向生态补偿。2020 年 12 月 26 日，第十三届全国人民代表大会常务委员会第二十四次会议通过了《中华人民共和国长江保护法》，建立了长江流域生态保护补偿制度。环境权益制度进一步深化，多地排污权二级市场交易逐渐进发活力；2020 年我国试点碳市场年成交额 21.5 亿元，碳交易年平均成交价格为 28.6 元/t。绿色信贷保持较快增长，截至 2020 年第三季度末，本外币绿色贷款余额为 11.55 万亿元。绿色债券发行主体更为广泛，我国境内外发行绿色债券规模达 2 786.62 亿元，累计发行规模已突破 1.4 万亿元。根据财政部 PPP 中心统计，截至 2021 年 1 月 28 日，全国 PPP 综合信息平台项目管理库中共有生态建设和环境保护类项目 942 个，投资额 19 482 亿元，分别占总项目数和投资额的 9.51%和 12.80%，均排第三位。新冠肺炎疫情防控下深入推进第三方治理。2020 年 3 月和 6 月，生态环境部先后发布《关于统筹做好疫情防控和经济社会发展生态环保工作的指导意见》和《关于在疫情防控常态化前提下积极服务落实"六保"任务　坚决打赢打好污染防治攻坚战的意见》，要求积极培育生态环保产业新增长点，落实有利于生态环境保护的价格政策和税收优惠政策。除北京市外，30 个省（区、市）开展了企业环境信用评级工作。完成《环境保护综合名录（2020 年版）》（征求意见稿），既包含多项精准服务于大气环境治理等重点环保任务的产品与工艺，又包含多种具有毒性强且持久、严重破坏人体与生态健康、出口占比高、近年来产能产量增速较快等特征的"双高"（高污染、高环境风险）产品。

　　财税、补贴、补偿、金融等环境经济政策在生态环境保护工作中发挥的作用越来越显著，生态环境开发利用、保护和改善的市场经济政策长效机制在逐步健全，但是与结构调整、质量改善、多元治理等需求依然存在较大差距，如政策供给不足，经济政策未充分实现对生态环境开发利用、保护和改善的全方位调控，没有涵盖经济体系对环境影响的全流程。环境经济政策在我国环境管理制度与政策体系中仍处于从属或辅助地位，市场机制还未成为调控与配置环境资源的基础性手段。主要体现在以下几个方面：一是全社会环保投入力度仍然不足。虽然当前我国在环保上的投资不断增加，投资总额占 GDP 比重也在逐步提高，但与环境质量改善和绿色发展需求相比仍然存在差距。二是生态补偿政策不完善。我国生态补偿政策重点针对天然林保护、退耕还林等项目，而针对重要生态功能区、自然保护地体系等的补偿机制还不完善，尚未建立起与地区发展权相匹配的生态补偿机制。三是绿色税费制度不健全。环境保护税调控范围较窄，调控力度不足；资源税收费标准过低，对生态环境成本考虑不足；消费税征收范围过窄，难以有效调控消费行为。四是环境权益交易制度不完善。自然资源资产产权仍处于试点探索阶段，在排污权初始分配、交易等方面的关键技术问题上仍然存在争议；碳排放权交易仍基本处于试点阶段。五是绿色金融政策不健全。绿色信贷、绿色保险、绿色证券、绿色债券等领域绿色标准的统一仍然存在较大争议，环境信息强制性披露等绿色金融政策实施的基础仍然存在较大欠缺。六是企业环境信用评价制度在实践推动和现实成效方面覆盖范围有限，信用评价的程序和内容需进一步规范和完善，企业环境信用评价缺少保障性措施，评价结果运用方向过窄，成效不明显。

Executive Summary

2020 is the year of building a well-off society in an all-round way, the end of the 13th five year plan, and the 20th anniversary of the founding of the Chinese Academy of Environmental Planning. The reform of environmental and economic policies is in an unprecedentedly favorable situation. The central government attaches great importance to advancing the reform, and local governments actively practice and explore ways to improve the environmental and economic policy system. The fifth plenary session of the 19th CPC Central Committee adopted the *CPC Central Committee's Proposals for Formulating the 14th Five-Year Plan (2021-2025) for National Economic and Social Development and the Long-Range Objectives Through the Year 2035*, which clearly pointed out: develop green banking; fully implement the pollution permit system, and promote the market-based trading of pollution rights, energy use rights, water use rights and carbon emission rights; establish value realization mechanisms for ecological products, refine market-based and diversified eco-compensation; refine price formation mechanisms for resources.

China's Report on Environmental Economic Policy Progress 2020 adopts a "bottom-up" approach to systematically assess the progress of the annual environmental and economic policies. The evaluation policy objects include 10 key environmental and economic policies that are being practiced in China, which contain environmental finance, environmental price, environmental rights and interests, ecological compensation, etc. Firstly, carry out systematic evaluation by classification, and then study and judge the development situation of annual environmental and economic policies.

On the whole, environmental and economic policies continue to provide momentum for winning the battle against pollution, effectively support high-quality development, and accelerate the building of a beautiful China. In 2020, a total of 48.32 billion yuan was allocated from the central financial special fund for environmental protection to govermance water, air, soil and rural environment. The central government allocated 79.45 billion yuan in transfer payments to key ecological function zones, cross-provincial basins such as the Xin 'an River and the Tingjiang-Hanjiang River continued to carry out horizontal ecological compensation in the upper and lower reaches of the river. On December 26, 2020, the 24th Session of the Standing Committee of the 13th National People's Congress adopted *Yangtze River Protection Law of the People's Republic of China*, and the state established a compensation system for ecological protection in the Yangtze River basin. The system of environmental rights and interests has been further deepened, and the secondary market trading of pollutant discharge rights in many places has gradually burst into vitality. In 2020, the annual transaction volume of China's pilot carbon market is 2.15 billion yuan, and the average annual transaction price of carbon trading is 28.6 yuan/ton. Green credit has maintained rapid growth. By the end of the third quarter of 2020, the outstanding balance of green loans in local and foreign currencies was 11.55 trillion yuan. In 2020, green bonds are issued by a wider range of issuers, with China issuing 278.662 billion yuan of green bonds at home and abroad, exceeding 1.4 trillion yuan in total. According to the PPP Center statistics of the Ministry of Finance, as of January 28, 2021, there were 942 ecological construction and environmental protection projects in the project management database of the National PPP Integrated Information Platform, with an investment of 1,948.2 billion yuan, accounting for 9.51% and 12.80% of the total projects and investment respectively, both ranking the third. We will intensify third-party governance in the face of epidemic prevention and control. In March and June 2020, the Ministry of Ecology and Environment of the People's Republic of China issued the *Guidelines on Coordinating Epidemic Prevention and Control with Economic and Social Development in Ecological and Environmental Protection Area*, and the *Opinions on Actively Serving the Task of Ensuring "Six Protection" Measures and Resolutely Winning the Battle Against Pollution Under the Premise of Normalizing Epidemic Prevention and Control*, which require to foster new growth points in the ecological and environmental protection industry, and implement pricing policies and preferential tax policies that are conducive to ecological and environmental protection. In the 31 provinces (autonomous regions and municipalities) in mainland China, 30 provinces (autonomous regions and municipalities) have carried out enterprise environmental credit rating except Beijing. We completed the *Comprehensive List of Environmental Protection 2020 (draft for comments edition)*, including a number of products and processes that accurately serve key environmental protection tasks such as atmospheric environment management, a variety of "double high" products with strong and lasting toxicity, serious damage to human health and ecological health, a high proportion of exports, and rapid growth of production capacity in recent years.

Fiscal and taxation, subsidies, compensation, finance and other environmental economic policies are playing an increasingly significant role in ecological environmental protection. The long-term mechanism of market economic policies for the development, utilization, protection and improvement of ecological environment is gradually improved, but there is still a big gap with the needs of structural adjustment, quality improvement and diversified governance. For example, policy supply is insufficient, economic policies have not fully realized the comprehensive regulation of the development, utilization, protection and improvement of the ecological environment, and have not covered the whole process of the environmental impact of the economic system. The environmental economic policy is still in a subordinate or auxiliary position in China's environmental management system and policy system, and the market mechanism has not become the basic means of regulating and allocating environmental resources. It is mainly reflected in the following aspects: First, the overall investment in environmental protection is still insufficient. Although China's investment in environmental protection is increasing, and the proportion of total investment in GDP is also gradually increasing, there is still a gap between the improvement of environmental quality and the demand for green development. Second, the ecological compensation policy is not perfect. China's ecological compensation policy focuses on natural forest protection, conversion of farmland to forests and other projects, and the compensation mechanism for important ecological function areas and natural protected area systems is not perfect，and the ecological compensation mechanism matching regional development rights has not been established. Third，the green tax system is not sound. The scope of regulation of environmental protection tax is narrow and the intensity of regulation is insufficient. The resource tax fee standard is too low，and the ecological and environmental costs are not considered sufficiently. Consumption tax collection scope is too narrow，it is difficult to effectively regulate consumption behavior. Fourth，the environmental rights trading system is not perfect. Natural resource property right is still in the stage of pilot exploration，the key technical issues in the initial allocation and trading of emission right are still controversial. Carbon trading is still largely in the pilot stage. Fifth，the green financial policy is not sound. The unification of green standards in green credit，green insurance，green securities，green bonds and other fields is still controversial，and the basis for the implementation of green financial policies，such as the mandatory disclosure of environmental information，is still largely lacking. Sixth，there are still some problems and deficiencies in the practice promotion and practical effect of enterprise environmental credit evaluation system. The coverage of enterprise environmental credit evaluation is limited，and the procedure and content of credit evaluation need to be further standardized and improved. Enterprise environmental credit evaluation lacks guarantee measures，the application direction of evaluation results is too narrow，and the effect is not obvious.

目录

目录

目录

环境经济政策发展形势研判

    2020 年是全面建成小康社会和"十三五"规划的收官之年。环境经济政策改革处于前所未有的大好形势，中央高度重视推进改革，地方积极实践探索，环境经济政策体系不断健全完善。

    党的十九届五中全会通过了《中共中央关于制定国民经济和社会发展第十四个五年规划和二〇三五年远景目标的建议》，明确提出：发展绿色金融；全面实行排污许可制，推进排污权、用能权、用水权、碳排放权市场化交易；建立生态产品价值实现机制，完善市场化、多元化生态补偿；完善资源价格形成机制。

    中共中央办公厅、国务院办公厅印发的《关于构建现代环境治理体系的指导意见》，明确指出：要健全价格收费机制，完善并落实污水、垃圾处理收费政策，完善差别化电价政策；加强财税支持，建立健全常态化、稳定的中央和地方环境治理财政资金投入机制；健全生态保护补偿机制；落实好现行促进环境保护和污染防治的税收优惠政策；完善金融扶持，设立国家绿色发展基金；在环境高风险领域研究建立环境污染强制责任保险制度；开展排污权交易，研究探索对排污权交易进行抵质押融资；鼓励发展重大环保装备融资租赁；加快建立省级土壤污染防治基金；统一国内绿色债券标准。

不断健全环境财政政策。2020 年，节能环保支出预算为 331.7 亿元，较 2019 年实际执行数下降了 21.2%。2020 年，分别安排水、大气、土壤污染防治资金 197 亿元、250 亿元、40 亿元，农村环境治理资金 36.2 亿元。清洁取暖政策成效显著，截至 2020 年年底，京津冀及其周边"2+26"城市和汾渭平原累计完成了 2 500 万户散煤替代，相当于减少散烧煤五六千万吨。新能源汽车财政补贴政策延期至 2022 年年底。光伏补贴竞价新机制启动，中央财政补助耕地轮作休耕制度试点工作开始运行。

环境资源价格改革不断深化。农业水价改革积极推动，地方不断完善居民阶梯水价制度，实施并完善城镇非居民用水超定额、超计划累进加价制度，充分利用价格杠杆强化节水意识。峰谷分时电价政策逐步优化，差别电价和惩罚性电价机制不断健全，光伏发电电价政策调整。自 2020 年 6 月 1 日起，纳入国家财政补贴范围的 Ⅰ～Ⅲ类资源区新增集中式光伏电站指导价，分别确定为每千瓦时 0.35 元（含税，下同）、0.4 元、0.49 元。长江经济带 11 个省（市）的相关污水处理费征收管理办法出台，生活垃圾收费仍以定额收费为主，部分地区向计量收费逐步过渡。甘肃等省（市）更新调整危险废物处置费标准。浙江等省率先推动建立无居民海岛有偿使用制度。

生态补偿机制深入探索推进。《生态保护补偿条例》公开征求意见，海南等省积极探索地方生态补偿立法，安徽省、广东省等多地出台政策，推进多元化生态补偿机制。国家发改委在安徽、福建、江西等省份推进生态综合补偿试点工作。重点生态功能区转移支付规模略有下降；广东等地积极探索生态保护红线、生态补偿机制，流域生态补偿稳步推进；

《中华人民共和国长江保护法》（以下简称《长江保护法》）对长江流域生态补偿提出明确要求；推进完善黄河流域生态补偿机制；长江流域川渝横向生态补偿推进实施；汀江—韩江流域横向生态补偿机制再获财政部奖补；甘肃省、上海市、海南省、湖南省深入推进省内跨市流域生态补偿机制。中央财政预算安排林业草原生态保护恢复资金，2020年共计发放52.74亿元。海洋生态补偿制度建设探索不断深入，沿海地区自发探索，建立海洋生态补偿机制。中央财政继续加大对湿地生态保护修复支持力度，多地探索深化环境空气质量的生态补偿。

环境权益交易制度探索持续深化。自然资源资产产权制度改革向纵深推进，自然资源部在12个省（区）的31个县级单元开展了全民所有自然资源资产负债表试填工作。排污权二级市场交易逐渐迸发活力，排污权抵押贷款持续推进。试点地方碳市场逐步壮大，2013—2020年，碳市场配额现货累计成交4.45亿t，成交额104.31亿元，试点碳市场共覆盖电力、钢铁、水泥等20余个行业近3000家重点排放单位；2020年，试点地方碳市场年成交额21.5亿元，较2019年增长3%，碳交易年平均成交价格为28.6元/t。尤其是核证自愿减排量（CCER）市场在2020年交易活跃，累计成交2.68亿t。全国碳排放权交易市场即将启动，国内多地启动二氧化碳排放达峰行动方案编制工作。水权交易平台建设成果显著。各省（区、市）用能权交易试点范围逐步扩大。

绿色税收制度建设稳步推进。积极开展环境保护税征管，截至2020年，环境保护税征收总额为579亿元。2020年，环境保护税总额为207亿元，同比下降6.4%。2020年，第一、第二、第三、第四季度的环境保护税总额分别为55亿元、46亿元、53亿元、53亿元。2020年9月，《中华人民共和国资源税法》正式实施。2020年，资源税征收总额为1755亿元，同比下降3.7%。西部大开发企业所得税政策拟新增部分节能环

保鼓励类产业。自 2020 年 1 月 1 日起，取消钨废碎料和铌废碎料两种商品进口暂定税率，恢复执行最惠国税率。继续鼓励使用新能源汽车。2020 年，车辆购置税收入 3 531 亿元，同比增长 0.9%。

绿色金融产品不断推出。推动国内绿色债券市场统一标准；绿色信贷保持较快增长，2020 年第三季度末，本外币绿色贷款余额 11.55 万亿元，比年初增长 16.3%，高于同期整体贷款增速。2020 年，我国境内外发行绿色债券规模达 2 786.62 亿元，累计发行规模已突破 1.4 万亿元人民币。用于支持海洋资源保护和可持续性海洋经济项目的蓝色债券首次发行；首个国家级绿色投资基金"国家绿色发展基金"在上海成立，首期总规模达到 885 亿元，重点聚焦长江经济带沿线的绿色发展；地方绿色金融试验区成效显著；国家层面首次出台政策，支持气候投融资发展，碳金融发展驶入"快车道"。

环境污染治理市场政策全面发展。政府和社会资本合作（PPP）模式与第三方治理体系建设在投融资与绩效管理等方面继续发展、不断稳固，新建生态环境导向的开发（EOD）模式并大力推进自然资源与生态产品的资本化与市场化，很大程度上提高了生态环境保护与修复领域的"供血能力"。气候变化与环境污染治理领域 PPP 项目投融资机制不断完善。PPP 项目绩效管理能力不断增强，生态环境治理仍是 PPP 重点领域。截至 2021 年 1 月 28 日，全国 PPP 综合信息平台项目管理库中共有生态建设和环境保护类项目 942 个，投资额 19 482 亿元，分别占总项目数和总投资额的 9.51% 和 12.80%，均排第三位。积极发展、创新环境污染第三方治理模式，探索开展环境综合治理托管、环境医院、环保管家、环境顾问等服务模式。

地方生态产品价值实现机制探索不断深入。2020 年，第二个全国生态产品价值实现机制试点城市实施落地，丽水市持续建立健全生态产品价值核算指标体系；继印发全国首个市级核算报告《丽水市生态产品价值核算技术办法（试行）》，2020 年 4 月出台全国首个《生态产品价值核算指南》地方标准；抚州银保监分局探索"点绿成金"的金融实现路径，助推生态产品价值实现机制试点工作向纵深发展；多地推进自然资源资产负债表试填试点，生态环境资产核算工作取得新突破，向标准化、制度化方向迈进，环境损害赔偿制度进一步健全，推动环境资源价值核算政策体系深入实施。

行业环境经济政策实践蓬勃开展。从名录式、清单式行业环境管理应用工具，到推进重点行业水效、能效、环保领跑者制度实践，到绿色供应链，再到环境信息强制性披露及环境信用体系建设，从国家到地方都实现了一系列的政策探索及制度落地，积极推进了工业行业的环境差别管理、市场手段高效应用、监督监管精准施策，有效提高了工业行业的节能减排、污染治理水平；完成环境保护综合名录（2020年版），开始征求意见；《石化绿色工艺名录（2020 年版）》发布；《禁止进口货物目录（第七批）》《禁止出口货物目录（第六批）》《优先控制化学品名录（第二批）》发布；中央深改委第十七次会议审议通过《环境信息依法披露制度改革方案》；国家市场监管总局积极推进企业标准"领跑者"制度落实，发布《2020 年度实施企业标准"领跑者"重点领域》；积极推动绿色供应链试点示范，进一步推动绿色制造体系建设，各地积极开展绿色商场建设，不断拓展绿色采购项目；全国环境信用评价工作稳步推进，我国①的 31 个省（区、市），除了北京市，其余 30个省（区、市）开展了企业环境信用评级工作，地方积极探索企业环保守信激励机制建设。

---

① 本书的研究范围不包括香港特别行政区、澳门特别行政区和台湾地区。

2

绿色财政政策

　　我国绿色财政政策不断完善，环保财政投入资金不断增加，电价等补贴政策取得较大进展，政府绿色采购法律制度不断完善。但环保投入资金总量不足，财政投入总量与环境治理资金需求之间仍有很大差距，财政补贴政策也面临着顶层设计、政策体系、技术支持、资金投入等方面的制约，政府绿色采购缺乏有效的绿色产品认证机制，亟须建立生态环境保护财政投入的动态增长机制，优化财政补贴政策体系，完善绿色采购制度。

2.1　节能环保预算支出

　　节能环保预算支出较 2019 年实际执行数下降了 21.2%。2020 年 6 月，财政部公布了 2020 年中央财政预算，2020 年中央本级支出预算数为 35 035 亿元，比 2019 年执行数减少 80.15 亿元，下降 0.2%；节能环保支出预算数为 331.71 亿元，比 2019 年执行数减少 89.09 亿元，下降 21.2%。其中，环境监测与监察、污染防治、可再生能源、能源管理事务预算数减少较多（图 2-1），比 2019 年执行数分别减少 3.11 亿元、4.67

亿元、28.94 亿元、56.27 亿元，分别下降 37%、52.1%、97.5%、33%，主要原因是基本建设支出减少。2019 年，污染防治预算中安排了新疆生产建设兵团部分一次性支出，2020 年年初预算不再安排；循环经济、退牧还草预算数为零；能源节约利用、污染减排预算数增加，比 2019 年执行数分别增加了 4.99 亿元、0.33 亿元，分别增长 74.4%、1.5%，主要原因是基本建设支出增加。

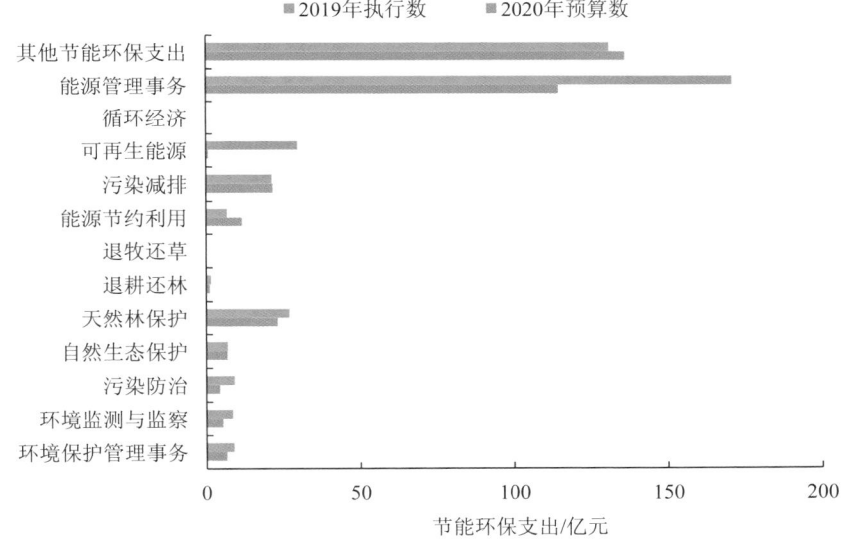

图 2-1　2020 年节能环保支出预算情况

数据来源：财政部，《关于 2019 年中央本级支出预算的说明》。

2.2　环境污染治理投资

环境污染治理投资逐年增加，但投入不足。持续而稳定的环保投入为各项环保工作的有效开展提供了有力的保障。尽管财政投入不断增加，但环保投入总量不足，环境污染治理投资总额（包括城镇环境基础设施建设投资、工业污染源治理投资）从 2010 年的 5 579 亿元增加到 2019 年的 6 633 亿元（图 2-2），但占国内生产总值（GDP）的比重依然过低，从 2010 年的 1.36% 下降到 2019 年的 0.67%，下降了 0.69 个百分点。尽管环保投入统计口径的合理性存在一定问题，但根据国际经验，当环境污染治理的投资占 GDP 的比重达到 1.0%～1.5% 时，可以在一定程度上遏制环境的进一步恶化；当达到 2%～3% 时，环境质量会有所改善。这在一定程度上表明，环境污染治理投资仍需加大。

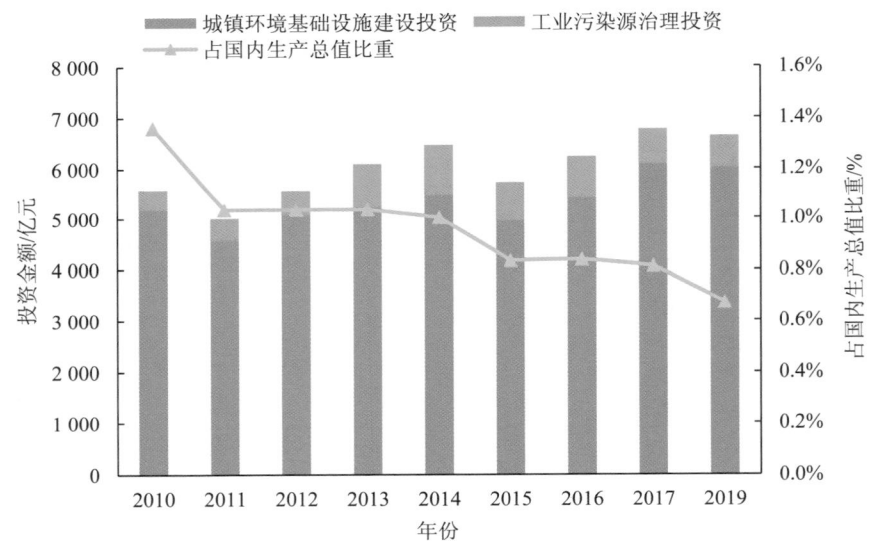

图 2-2　2010—2019 年我国环境污染治理投资结构情况

数据来源：国家统计局，《中国统计年鉴》（2010—2020 年）。

注：2018 年无数据。

2.3　环保专项资金

"十三五"时期，中央财政安排水污染防治专项资金 762 亿元。早在 1999 年，国家设立了"三河三湖"、渤海碧海重点流域水污染防治国债专项资金，主要用于城市污水处理厂及污水主干管建设，辅以部分河湖清淤等综合整治项目。2007 年 11 月，国家设立了"三河三湖"及松花江流域水污染防治专项资金，专门用于流域水污染防治。"十三五"期间，中央财政安排水污染防治专项资金 762 亿元（图 2-3），其中 2020年安排 197 亿元（表 2-1），支持重点省份开展重点流域水污染防治、集中式饮用水水源地保护、地下水环境保护及污染修复、良好水体（湖泊）保护等生态环境保护工作，重点流域水质达标断面个数有所增加，饮用水水源地水质稳中向好，地下水水质保持稳定；支持长江经济带、黄河流域生态环境保护，建立汀江—韩江流域、东江流域、引滦入津横向生态补偿机制，促进流域水质逐步提高。

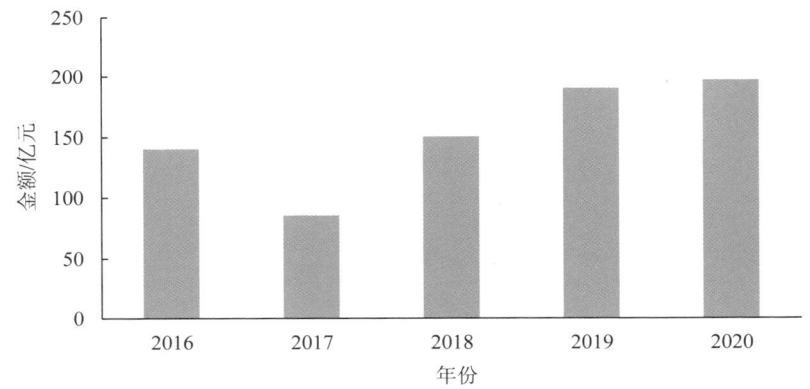

图 2-3　"十三五"时期水污染防治专项资金情况

表 2-1　2020 年水污染防治专项资金预算　　　单位：亿元

序号	省（区、市）	合计
1	北京	1.09
2	天津	5.68
3	河北	10.75

9

序号	省（区、市）	合计
4	山西	8.54
5	内蒙古	3.93
6	辽宁	5.20
7	吉林	1.71
8	黑龙江	1.64
9	上海	2.16
10	江苏	6.56
11	浙江	7.29
12	安徽	14.02
13	福建	3.24
14	江西	9.73
15	山东	7.97
16	河南	7.17
17	湖北	19.24
18	湖南	10.41
19	广东	6.60
20	广西	3.46
21	海南	0.88
22	重庆	4.62
23	四川	13.86
24	贵州	4.52
25	云南	9.67
26	西藏	3.84
27	陕西	4.08
28	甘肃	3.67
29	青海	11.32
30	宁夏	2.17
31	新疆	1.98
总计		197

　　中央财政累计安排大气污染防治专项资金1 225亿元。大气污染物减排专项资金于2013年设立。截至2020年年底，中央累计安排大气污染防治专项资金1 225亿元（图2-4），其中2020年安排250亿元，支持北方地区冬季清洁取暖、工业污染深度治理、移动源污染防治等重点工作，推动产业结构、能源结构、运输结构不断优化调整，促进全国环境空气质量持续改善，助力打赢蓝天保卫战。通过支持氢氟碳化物销毁处置，推进削减温室气体排放。大气污染防治工作取得了明显成效，煤炭消费量占能源消费总量的比重从2010年的69.2%下降到2019年的57.7%，清洁能源消费占比从2010年的13.4%提升到2019年的23.4%（图2-5）[①]。

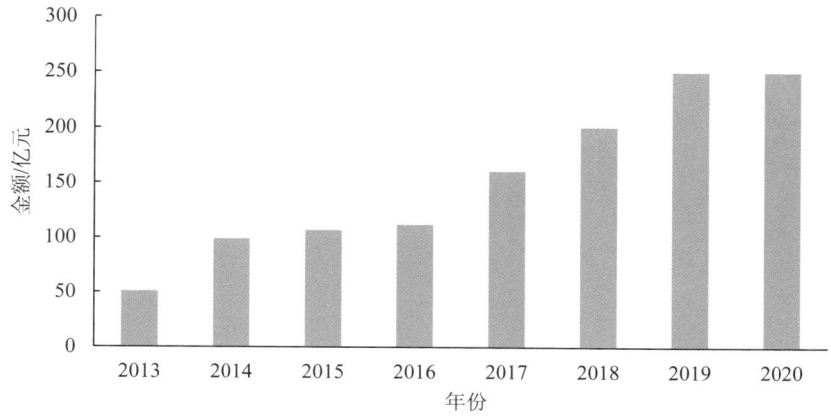

图2-4　2013—2020年大气污染防治专项资金情况

---

① 数据来源：《中国统计年鉴》，2020年。

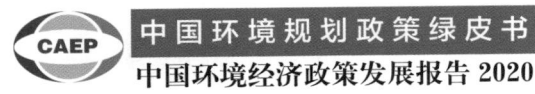

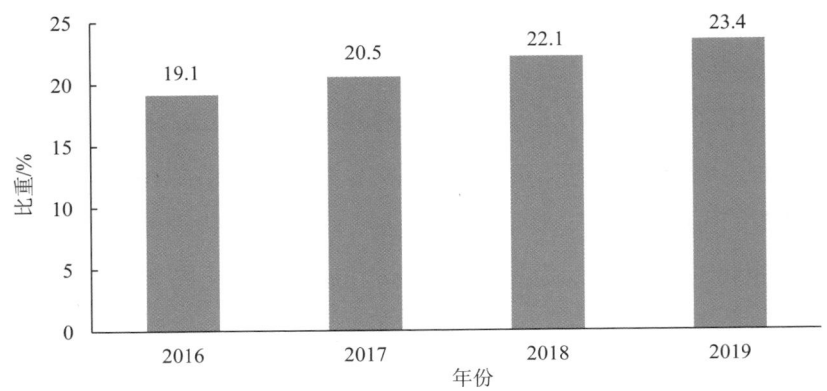

图 2-5　2016—2019 年清洁能源消费量占能源消费总量的比重

中央财政累计安排土壤污染防治专项资金 259.1 亿元。土壤污染防治专项资金于 2016 年设立，截至 2020 年年底，中央财政累计安排土壤污染防治专项资金 259.1 亿元（图 2-6），其中 2020 年安排 40 亿元（表 2-2），主要用于 7 个土壤污染综合防治先行区建设、开展土壤污染状况详查工作、实施一批土壤污染治理与修复技术示范项目、开展农用地周边涉重金属企业排查整治、建立企事业单位重金属污染物排放总量控制制度。

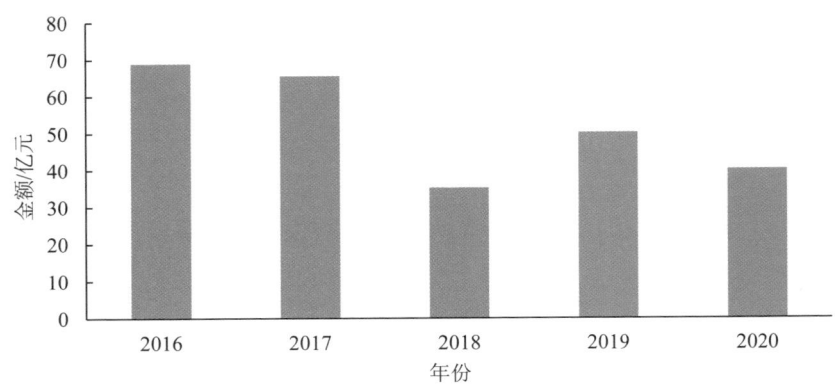

图 2-6　"十三五"时期土壤污染防治专项资金情况

表 2-2　2020 年土壤污染防治专项资金预算　　　单位：万元

序号	省（区、市）	合计
1	北京	160
2	天津	4 359
3	河北	28 329
4	山西	3 440
5	内蒙古	6 152
6	辽宁	6 330
7	吉林	1 723
8	黑龙江	2 215
9	上海	1 280
10	江苏	13 841
11	浙江	29 925
12	安徽	6 738
13	福建	5 475
14	江西	8 717
15	山东	10 937
16	河南	9 560
17	湖北	40 152
18	湖南	56 961
19	广东	28 538
20	广西	34 107
21	海南	1 825
22	重庆	3 732
23	四川	11 739
24	贵州	33 649

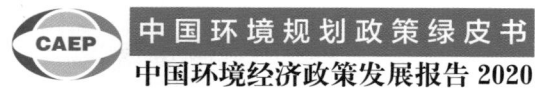

序号	省（区、市）	合计
25	云南	28 198
26	西藏	409
27	陕西	6 102
28	甘肃	10 411
29	青海	2 814
30	宁夏	1 052
31	新疆	1 130
总计		400 000

中央财政累计安排农村环境整治专项资金 573 亿元。农村环境整治专项资金于 2008 年设立。截至 2020 年年底，中央财政累计安排农村环境整治专项资金 573 亿元，其中"十三五"期间安排 258 亿元（图 2-7），重点支持建制村环境综合整治、饮用水水源地保护、农村生活污水和垃圾处理、畜禽养殖污染防治。2020 年农村环境整治专项资金总计为 361 819 万元（表 2-3）。

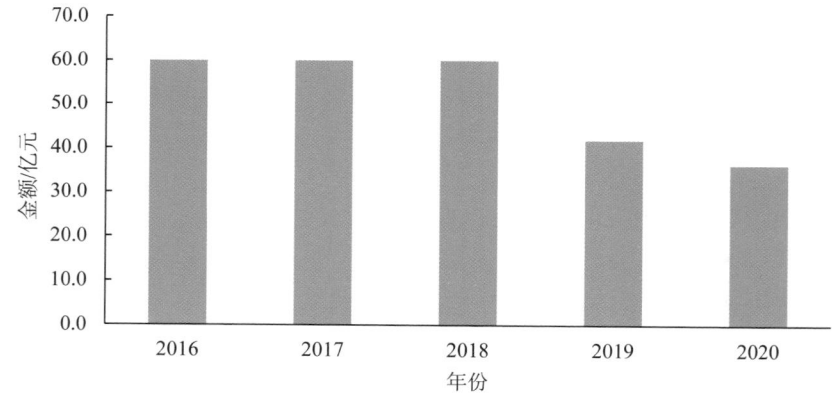

图 2-7　"十三五"时期农村环境整治专项资金情况

表 2-3　2020 年农村环境整治专项资金预算　　　单位：万元

序号	省（区、市）	合计
1	北京	2 290
2	天津	2 042
3	河北	32 705
4	山西	7 546
5	内蒙古	4 527
6	辽宁	6 288
7	吉林	4 469
8	黑龙江	2 521
9	上海	1 630
10	安徽	15 523
11	福建	10 505
12	江西	28 491
13	山东	32 705
14	河南	33 264
15	湖北	26 656
16	湖南	15 350
17	广东	15 878
18	广西	8 238
19	海南	2 169
20	重庆	7 788
21	四川	22 648
22	贵州	10 679
23	云南	21 320
24	西藏	8 532

序号	省（区、市）	合计
25	陕西	12 132
26	甘肃	5 969
27	青海	7 966
28	新疆	10 169
29	新疆生产建设兵团	1 819
总计		361 819

2.4 环境补贴政策

2.4.1 环保电价补贴政策

2017 年 5 月 17 日召开的国务院常务会议上，李克强总理指出，要调整电价结构，适当降低脱硫脱硝电价，以降低企业用电负担。这标志着环保电价将逐步降低，也将对以后煤电行业在低环保补贴电价甚至无环保补贴电价情况下的环保工作产生影响。2019 年 9 月 26 日，李克强总理主持召开的国务院常务会议，决定对尚未实现市场化交易的燃煤发电电量，从 2020 年 1 月 1 日起，取消煤电价格联动机制，将现行标杆上网电价机制改为"基准价+上下浮动"的市场化机制。这意味着实施 15 年之久的煤电价格联动机制将进入历史。

2019 年 10 月 21 日，国家发展改革委印发《关于深化燃煤发电上网电价形成机制改革的指导意见》，明确提出：纳入国家补贴范围的可再生能源发电项目上网电价在当地基准价（含脱硫、脱硝、除尘电价）以内的部分，由当地省级电网结算，高出部分按程序申请国家可再生能源发展基金补贴；明确环保电价政策，执行"基准价+上下浮动"价格机制的燃煤发电电量，基准价中包含脱硫、脱硝、除尘电价。

2.4.2　新能源补贴政策

新能源汽车推广应用财政补贴政策延期至 2022 年年底。2009 年以来，财政部联合有关部门大力支持新能源汽车产业发展，出台包括财政补贴等多项政策，鼓励新能源汽车发展。2020 年 4 月，财政部、工业和信息化部、科技部、国家发展改革委印发《关于完善新能源汽车推广应用财政补贴政策的通知》（财建〔2020〕86 号），明确提出：将新能源汽车推广应用财政补贴政策实施期限延长至 2022 年年底；平缓补贴退坡力度和节奏，原则上 2020—2022 年补贴标准分别在上一年基础上退坡 10%、20%、30%，2021 年新能源汽车购置补贴标准在 2020 年基础上退坡 20%；为加快公共交通等领域汽车电动化，城市公交、道路客运、出租（含网约车）、环卫、城市物流配送、邮政快递、民航机场以及党政机关公务领域符合要求的新能源汽车，2021 年补贴标准在 2020 年基础上退坡 10%。为进一步推动新能源汽车产业健康有序发展，2020 年 12 月，财政部、工业和信息化部、科技部、国家发展改革委发布了《关于进一步完善新能源汽车推广应用财政补贴政策的通知》（财建〔2020〕593 号），明确了不同类型、不同领域车辆产品的补贴标准（表 2-4 至表 2-6），为补贴政策精准执行提供依据。

表 2-4　新能源乘用车补贴方案

单位：万元

车辆类型	非公共领域			公共领域		
	300≤R<400	R≥400	R≥50（NEDC工况）/R≥43（WLTC工况）	300≤R<400	R≥400	R≥50（NEDC工况）/R≥43（WLTC工况）
纯电动乘用车	1.3	1.8	—	1.62	2.25	—
插电式混合动力乘用车（含增程式）	—		0.68	—		0.9

非公共领域：
①纯电动乘用车单车补贴金额=min{里程补贴标准，车辆带电量×400元}×电池系统能量密度调整系数×车辆能耗调整系数。
②对于非私人购买或用于营运的新能源乘用车，按照相应补贴金额的0.7倍给予补贴。
③补贴前售价应在30万元以下（以机动车销售统一发票、企业官方指导价等为参考依据，"换电模式"除外）

公共领域：
①纯电动乘用车单车补贴金额=min{里程补贴标准，车辆带电量×495元}×电池系统能量密度调整系数×车辆能耗调整系数。
②对于非私人购买或用于营运的新能源乘用车，按照相应补贴金额的0.7倍给予补贴。
③补贴前售价应在30万元以下（以机动车销售统一发票、企业官方指导价等为参考依据，"换电模式"除外）

注：R为纯电动车驾驶里程，单位为km。

表2-5 新能源客车补贴方案

车辆类型	非公共领域					公共领域				
	中央财政补贴标准[元/(kW·h)]	中央财政补贴调整系数	中央财政单车补贴上限/万元 6<L*≤8	8<L≤10	L>10	中央财政补贴标准[元/(kW·h)]	中央财政补贴调整系数	中央财政单车补贴上限/万元 6<L≤8	8<L≤10	L>10
非快充类纯电动客车	400	单位载质量能量消耗量[W·h/(km·kg)]: 0.18(含)~0.17 → 0.8; 0.17(含)~0.15 → 0.9; 0.15(含)及以下 → 1	2	4.4	7.2	450	单位载质量能量消耗量[W·h/(km·kg)]: 0.18(含)~0.17 → 0.8; 0.17(含)~0.15 → 0.9; 0.15(含)及以下 → 1	2.25	4.95	8.1
快充类纯电动客车	720	快充倍率: 3C**~5C(含) → 0.8; 5C~15C(含) → 0.9; 15C以上 → 1	1.6	3.2	5.2	810	快充倍率: 3C~5C(含) → 0.8; 5C~15C(含) → 0.9; 15C以上 → 1	1.8	3.6	5.85
插电式	480	节油率水平: 0.8 → 0.9 → 1	0.8	1.6	3.04	540	节油率水平: 0.8 → 0.9 → 1	0.9	1.8	3.42

车辆类型	非公共领域							公共领域						
	中央财政补贴标准[万/(kW·h)]	中央财政单车补贴上限/万元			中央财政补贴调整系数			中央财政补贴标准[元/(kW·h)]	中央财政单车补贴上限/万元			中央财政补贴调整系数		
		6<L≤8	8<L≤10	L>10	60%~65%（含）	65%~70%（含）	70%以上		6<L≤8	8<L≤10	L>10	60%~65%（含）	65%~70%（含）	70%以上
混合动力（含增程式）客车					0.8	0.9	1					0.8	0.9	1

单车补贴金额=min{车辆带电量×单位电量补贴标准; 单车补贴上限}×调整系数

注：* L 为车身长度，单位为 m；
** C 为充放电倍率。

表 2-6 新能源货车补贴方案

车辆类型	非公共领域				公共领域			
	中央财政补贴标准[万/(kW·h)]	中央财政单车补贴上限/万元			中央财政补贴标准[万/(kW·h)]	中央财政单车补贴上限/万元		
		N1类	N2类	N3类		N1类	N2类	N3类
纯电动货车	252	1.44	2.8	4	315	1.8	4.95	4.95
插电式混合动力（含增程式）货车	360	—	1.6	2.52	450	—	1.8	3.15

实施光伏补贴竞价新机制。2020 年是我国光伏发电实施"竞价机制"的第二年。2019 年 5 月，国家能源局发布了《关于 2019 年风电、光伏发电项目建设有关事项的通知》（国能发新能〔2019〕49 号），启动了 2019 年光伏发电国家补贴竞价项目申报工作。2020 年 3 月，国家能源局发布了《关于 2020 年风电、光伏发电项目建设有关事项的通知》（国能发新能〔2020〕17 号），启动了 2020 年光伏发电国家补贴竞价项目申报工作，明确 2020 年光伏发电建设管理的有关政策总体延续 2019 年政策，其中补贴竞价项目（包括集中式光伏电站和工商业分布式光伏项目）按 10 亿元补贴总额组织项目建设。2020 年 7 月，国家能源局公布了 2020 年光伏发电项目国家补贴竞价结果，将河北、内蒙古等 15 个省（区、市）和新疆生产建设兵团的 434 个项目纳入国家竞价补贴范围，总装机容量为 2 596.72 万 kW。这比 2019 年纳入竞价补贴范围的 2 278.86 万 kW 装机容量有所增加。

专栏 2-1　2020 年国家光伏发电竞价补贴情况

从项目类型来看，普通光伏电站项目 295 个，装机容量为 2 562.9 万 kW，占纳入项目总容量比例为 98.7%；全额上网工商业分布式光伏项目 137 个，装机容量为 33.0 万 kW，占纳入项目总容量比例为 1.3%；自发自用、余电上网分布式光伏项目 2 个，装机容量为 0.8 万 kW，占纳入项目总容量比例为 0.03%。

从资源区来看，I 类资源区项目 46 个，装机容量为 542.8 万 kW，占纳入项目总容量比例为 20.9%；II 类资源区项目 34 个，装机容量为 294.2 万 kW，占纳入项目总容量比例为 11.3%；III 类资源区项目 354 个，装机容量为 1 759.7 万 kW，占纳入项目总容量比例为 67.8%。

从地区来看，装机容量在 200 万 kW 以上的有贵州、宁夏、河北、浙江、江西、青海 6 省（区）；装机容量在 100 万 kW 到 200 万 kW 的有陕西、内蒙古、山东 3 省（区）；装机容量在 100 万 kW 以下的有广西、安徽、新疆、河南、上海、重庆 6 省（区、市）和新疆生产建设兵团。

2.4.3 "双替代"补贴政策

清洁取暖补贴政策成效显著。推进北方地区冬季清洁取暖是党中央、国务院作出的重大决策部署，也是一项重大的民生工程、民心工程。2017 年 5 月，财政部、住房和城乡建设部、环境保护部、国家能源局联合发布了《关于开展中央财政支持北方地区冬季清洁取暖试点工作的通知》（财建〔2017〕238 号），明确中央财政支持北方地区冬季清洁取暖试点工作，通过竞争性评审确定了首批 12 个试点城市。2018 年 7 月，试点范围新增 23 个城市，扩展至京津冀及周边地区大气污染防治传输通道 "2+26" 城市、张家口市和汾渭平原城市。2019 年 6 月，财政部印发《关于下达 2019 年度大气污染防治资金预算的通知》（财资环〔2019〕6 号），清洁取暖试点再次扩围，总计 43 个城市，中央财政奖补资金达 152 亿元。2020 年是实施《北方地区冬季清洁取暖规划（2017—2021 年）》攻坚克难的关键年。截至 2020 年年底，"2+26" 城市和汾渭平原累计完成了 2 500 万户散煤替代，相当于减少散烧煤五六千万吨。

地方出台补贴政策，推进清洁取暖。山西省清洁取暖工作领导小组印发《山西省 2020 年冬季清洁取暖工作方案》（晋清洁发〔2020〕1 号），明确提出开展清洁取暖+电力交易创新试点，加大补贴政策支持力度，对 "煤改电" 电网改造进行补贴。陕西省发展改革委、财政厅等 10 部门联合印发《陕西省冬季清洁取暖实施方案（2017—2021 年）》（陕发改能源〔2018〕735号），鼓励各市（区）结合本地区实际出台补贴支持政策。山东省人民政府印发《山东省冬季清洁取暖规划（2018—2022年）》（鲁政字〔2018〕178号），明确要求因地制宜，通过直接补贴、奖补、贷款贴息等激励政策，建立稳定的财政投入机制。河北省委办公厅、省政府办公厅印发了《河北省冬季清洁取暖实施方案》，要求到2020年安排实施"电代煤"200万户，其中2018年在反复衔接落实电力保供条件基础上，安排"电代煤"31.9万户。北京市委农村工作领导小组办公室印发《2019年北京市农村地区村庄冬季清洁取暖工作实施方案》，要求到2019年年底完成54个农村地区村庄内住户及村委会、村民公共活动场所、籽种农业设施的煤改清洁能源任务；对未实施冬季清洁取暖且未纳入2019年煤改清洁能源计划的村庄全部实施优质燃煤替代。天津市发展改革委、财政局印发《关于天津市2020—2023年居民冬季清洁取暖有关运行政策的通知》（津发改规〔2020〕2号），延续执行天津市居民散煤取暖清洁能源替代有关运行政策，并结合实际进行适当调整。

总体来看，北方地区清洁供暖改造任务仍旧较重，在推进过程中存在一些问题。一方面，部分地区清洁取暖方案缺乏可行性，地方财政压力较大。补贴政策刺激了大量企业进入清洁取暖市场，但由于未充分考虑地方经济实力而造成补贴资金未落实的结果。另一方面，对于除京津冀及周边地区、重点平原地区外的非重点地区及偏远的农村，基础设施不完善，经济条件不允许，清洁取暖效果不理想，"因地制宜"技术路径落实不到位。另外，南方冬季取暖的需求日益迫切。2019年12月，中共中央、国务院印发的《长江三角洲区域一体化发展规划纲要》明确提出，加强新能源微电网、能源物联网、"互联网+智慧"能源等综合能源示范项目建设，推动能源绿色化变革。

专栏 2-2　各地居民冬季清洁取暖补贴政策进展一览

山西：

襄汾县：印发《襄汾县 2020 年清洁取暖工程实施方案》。"煤改气"：2017 年、2018 年、2019 年已实施清洁取暖改造村庄的新增用户，2020 年仍然享受同样的一次性补贴政策。所有新实施改造户，使用天然气独立采暖的，用气进行持续补贴（2020 年实施的所有住户，享受 900 元全额补贴）。对其他往年已改造户，在采暖期分三次按住户实际用气量进行补贴，每使用 1 m³ 天然气补贴 1 元，一个采暖季每户最高补贴不超过 900 元。"煤改电"：2017 年、2018 年、2019 年列入"煤改电"规划的村，2020 年新增的用户仍然享受同样的一次性补贴政策。取暖季每户每月用电量在 2 600 kW·h 以内的，按补贴电价 0.286 2 元/（kW·h）计价；超过 2 600 kW·h 的部分，按 0.507 元/（kW·h）计价。2020 年以后，所有的清洁取暖改造住户不再享受一次性补贴政策。

沁源县：印发《沁源县 2020 年"以电代煤"工程实施细则》，要求按照"市级逐年退坡、分档补贴"标准(2020 年补贴将由 2019 年的 3 500 元/户退坡为 2 500 元/户，县级需配套补贴 2 500 元/户）实行补贴。设备购置补贴以 5 000 元/户为基数（原则上不超 5 000 元/户）。"以电代煤"用户采暖季每月额度在 2 600 kW·h 以内的，享受 0.286 2 元/（kW·h）电价，超过部分用电价格按照 0.507 元/（kW·h）执行，电价相关政策执行时间为本年度 11 月至次年 3 月，共 5 个月时间。采暖季运行费用实行"农户预交、次月报销、不足自费、实用实补"的原则进行补贴，总补贴累计不超 2 400 元/户。

山东：

青岛市：印发《青岛市加快清洁能源供热发展的若干政策实施细则》，提出新建天然气分布式能源项目竣工验收合格后，按照发电装机容量 1 000 元/kW 的标准给予设备投资补贴。分布式能源项目投产运行两年后，经审查，年平均能源综合利用效率达到 70% 及以上的，再给予 1 000 元/kW 的补贴。项目建设谷电储能设施，按核定储能设施建设成本的 50%，由财政资金在建设补贴基础上再给予补贴，最高补贴额不超过 1 000 万元。

胶州市：印发《胶州市推进农村清洁取暖实施方案》，要求 2020 年全市 62% 的村庄实现冬季清洁取暖。（一）"气代煤"燃气炉供暖。对燃气表以内管线改造费用和取暖用燃气设备购置及安装费用，按照 3 000 元/户的标准补贴。（二）"电代煤"供暖。对热泵类电采暖设备购置、安装及电表以内管线改造费用，按照 5 000 元/户的标准补贴。（三）生物质锅炉供暖。按照 1 000 元/户的标准补贴。（四）集中供热。以社区为单位实施区域集中供热的可再生能源取暖、多能互补取暖等清洁取暖工程项目，依据建设项目评估可供热面积，按照 55 元/m^2 且每户不高于 3 850 元的标准一次性给予供热站建设补贴（由居民按照换热站投资缴纳供热配套费的，补贴至个人；由企业出资建设换热站的，补贴至企业）。取暖管网敷设至入户端口，户内取暖设施由用户自行配套。（五）节能保暖工程。参与市清洁取暖工程并进行节能保暖改造的，按照 5 000 元/户的标准补贴。

聊城市：印发《2020 年聊城市冬季清洁取暖工作计划方案》，要求 2020 年各级财政对使用分散式空气源热泵进行电代煤改造的一次性建设补贴标准为 6 500 元/户，其他改造方式，建设补贴标准为户均 5 000 元；运行费用补贴标准为户均 1 000 元/a，连补 3 年。集中式电代煤补

贴政策参照《关于调整全市电代煤补贴政策的通知》（聊清洁取暖小组办字〔2019〕4号）执行。继续对2018年、2019年实施的清洁取暖改造用户给予1 000元/a的运行费用补贴。

河北：

石家庄市：印发《石家庄市2020年农村地区冬季清洁取暖工作方案》，2020年农村地区冬季清洁取暖支持政策按照《农村地区清洁取暖财政补助政策》（石财建〔2019〕75号）执行，其中2020年实施"电代煤""气代煤"用户当年运行补助仍按2019年标准执行，其他年度运行补助标准不变；2020年地源热泵（含空气源热泵）、洁净煤支持政策按2019年政策执行；其他政策不变。

邯郸市：印发《2020年农村地区气代煤、电代煤工作实施方案》。"电代煤"：设备补贴按最高补贴金额不超过7 400元/户执行，由省级补贴3 700元、市级补贴1 850元，其余1 850元由县（市、区）统筹解决。运行补贴按每户最高补贴1 200元执行，由省级补贴400元、市级补贴400元，其余400元由县（市、区）统筹解决。"气代煤"：设备补贴按最高补贴金额不超过2 700元/户执行，由省级补贴1 350元，其余1 350元由县（市、区）统筹省补贴资金解决；灶具每户补贴200元，由县级承担；燃气初装费执行特殊优惠价2 600元/户，由用户承担。运行补贴按每户最高补助1 300元执行，由省级承担320元、市级承担320元，县（市、区）最高承担660元，由各县（市、区）统筹解决。

北京：

怀柔区：印发《2020年农村地区"减煤换煤"工程实施方案》。"煤改电"：每年采暖季低谷电价时段，在享受低谷段优惠电价0.3元/（kW·h）的基础上，由市、区两级财政各补贴0.1元/（kW·h），按照用户低谷段用电量，每个采暖季用电补贴最高1万kW·h/户。用户电表以下至电采暖设备的户内线路部分，由区财政按照空气源热泵水暖机 1 500 元/户、蓄能式电暖气 2 000 元/户的标准安排资金。蓄能式电暖气：按照设备购置费用 80% 的标准给予补贴，最高不超过 8 000 元。"煤改气"：区财政按照山区用户 0.7 元/m^3、平原用户 0.5 元/m^3 的标准给予补贴，每户采暖季用气量最高补贴 2 500 m^3。优质燃煤补贴按照中标价格，市财政补贴 200 元/t、农户自筹 550 元/t，不足部分由区财政给予补贴，每户最高补贴 4.5 t。

天津：

印发《关于天津市 2020—2023 年居民冬季清洁取暖有关运行政策的通知》。"煤改电"：采暖期不再执行阶梯电价，执行每日 20 时至次日 8 时 0.3 元/kW·h 的低谷电价。同时，给予 0.2 元/kW·h 的补贴，最高补贴电量 8 000 kW·h/户，由市、区财政按 4∶6 比例负担（滨海新区自行负担）。此外，每户每年保供炊事用液化石油气 8 罐（15 kg/罐），每罐补贴 50 元，由区财政负担。上述政策暂定 3 年，自 2020 年 4 月起，至 2023 年 3 月止。"煤改气"：采暖期不再执行阶梯气价，执行燃气管网居民独立采暖一档用气价格。同时，给予 1.2 元/m^3 的补贴，最高补贴气量 1 000 m^3/户，由市、区财政按 4∶6 比例负担（滨海新区自行负担）。上述政策暂定 3 年，自 2020 年 4 月起，至 2023 年 3 月止。

2.4.4　绿色农业补贴政策

中央财政补助耕地轮作休耕制度试点。2019 年 3 月，农业农村部、财政部联合印发《关于做好 2019 年耕地轮作休耕制度试点工作的通知》（农农发〔2019〕2 号），明确 2019 年实施耕地轮作休耕制度试点面积 3 000 万亩[①]，休耕试点面积 500 万亩，中央财政对耕地轮作休耕制度试点给

[①]　1 亩=1/15 hm^2。

予适当补助。农业农村部办公厅印发《2020 年种植业工作要点》(农办农〔2020〕1 号)、《关于做好 2020 年耕地轮作休耕制度试点工作的通知》(农办农〔2020〕8 号),明确提出 2020 年实施轮作休耕制度试点面积 3 000 万亩以上,以轮作为主、休耕为辅,扩大轮作、减少休耕。开展耕地轮作休耕制度试点是中央作出的一项重大决策部署,耕地轮作休耕制度试点面积不断扩大,由 2016 年的 616 万亩增加到 2019 年的 3 000 万亩,增长了近 4 倍。实施省份不断增加,由 2016 年的 9 个试点省份增加到 2019 年的 17 个试点省份。

地方出台补贴政策,推进耕地轮作休耕制度试点。山东省农业农村厅、财政厅印发《2020年耕地轮作休耕制度试点实施方案》,安排65万亩耕地轮作休耕制度试点,对自愿参加并签订耕地轮作休耕制度试点协议且轮作大豆种植规模集中连片大于50亩的种植大户和家庭农场、农民专业合作社、农业企业等新型农业经营主体,按照每亩150元的标准给予补助。黑龙江省农业农村厅、财政厅联合印发《黑龙江省2019年耕地轮作休耕试点实施方案》,承担试点任务起始年份是2017年的,补助到2019年;承担试点任务起始年份是2018年的,补助到2020年;承担试点任务起始年份是2019年的,补助到2021年;暂定轮作试点每亩每年补贴150元,水稻休耕试点每亩每年补贴500元。贵州省农业农村厅办公室印发《2019年贵州省耕地休耕制度试点工作实施方案》,明确在开阳等13个县(市、区)开展20万亩耕地休耕制度试点,每县1万~4万亩耕地实施休耕,全年休耕制度试点每年每亩补助500元,总补助资金1亿元。江苏省人民政府办公厅印发《关于在苏南地区整体推进耕地轮作休耕促进农业绿色发展的实施方案》,省级财政给予适当补助,每亩补助100元。

专栏 2-3   山东省 2020 年耕地轮作休耕制度试点补助政策

对开展试点给予补助。

补助对象：自愿参加并签订耕地轮作休耕制度试点协议且轮作大豆种植规模集中连片大于 50 亩的种植大户和家庭农场、农民专业合作社、农业企业等新型农业经营主体。补助依据是大豆的实际种植面积，大豆与其他作物间作的要以折实面积为依据。

补助标准：中央财政按照每亩 150 元的标准给予补助。

补助方式：省财政厅根据试点市、区（县）承担的任务量，将中央财政补助资金逐级拨付。在确保试点面积落实的情况下，各地可根据不同地区实际细化具体补助标准。在补助方式上，可以补现金，可以补实物，也可以购买社会化服务，切实提高试点的可操作性和实效性。

实施大豆保险保费补贴：鼓励参加大豆种植保险，由各级财政按规定对保费进行补贴，帮助农户积极防范各类灾害，提高风险保障水平。具体政策参照《山东省大豆种植保险条款》。

实施农机购置补贴：省里将大豆播种、收获机械纳入农机购置补贴范围，鼓励农业新型经营主体购买机械，提高大豆生产机械化水平。

　　一些地方加大秸秆综合利用补贴力度。河北省印发《秸秆综合利用实施方案（2021—2023 年）》，明确提出统筹中央秸秆综合利用项目资金、省级大气污染防治项目资金、农机购置补贴等相关涉农资金，重点对秸秆能源化利用产业和收储运体系建设给予支持，产业基金要更多投向生物天然气项目建设。吉林省发展改革委会同相关部门印发《吉林省秸秆综合利用三年行动方案（2019—2021 年）》，提出到 2021 年实现秸秆全量利用，年综合利用秸秆 4 000 万 t 以上，积极落实秸秆综合利用财政

补贴、税收优惠、金融信贷、用地、用电、交通运输等支持政策，激发市场主体活力，建立健全政府、企业与农民三方共赢的利益链接机制，推动秸秆全量化利用。山东省平度市农业农村局印发《进一步加强农作物秸秆综合利用工作实施方案》（平农发〔2020〕9 号），加大机械化全量还田农机购机补贴力度，鼓励购买反转灭茬机和大型农机具。

2.5 政府绿色采购

对政府采购节能产品、环境标志产品实施品目清单管理。2004 年12 月，财政部、国家发展改革委印发《节能产品政府采购实施意见》（财库〔2004〕185 号），明确应当优先采购节能产品，并以"节能产品政府采购清单"形式公布。2006 年 10 月，财政部、国家环保总局联合印发《关于环境标志产品政府采购实施的意见》（财库〔2006〕90 号），明确优先采购环境标志产品，并以"环境标志产品政府采购清单"形式公布。随后，每年的上半年和下半年，财政部、国家发展改革委、国家环保总局会发布两期"节能产品政府采购清单"和"环境标志产品政府采购清单"。到 2018 年，先后发布了 22 期"环境标志产品政府采购清单"和24 期"节能产品政府采购清单"。2019 年 2 月，财政部、国家发展改革委、生态环境部、国家市场监管总局联合印发《关于调整优化节能产品、环境标志产品政府采购执行机制的通知》（财库〔2019〕9 号），明确不再发布"节能产品政府采购清单"和"环境标志产品政府采购清单"，对政府采购节能产品、环境标志产品实施品目清单管理。对"节能产品政府采购清单""环境标志产品政府采购清单"均实施产品清单管理，即从产品名称、规格型号到产品品牌，在"清单"中都罗列得非常详细，将产品清单优化为品目清单。这是一个历史性的进步，既有利于企业快速发展和专家高效评审，也使得国家标准、行业标准或团体标准在政府

30

绿色采购中有了可操作性。

从国际来看，各国都出台相关法律法规对绿色采购提出要求。如美国的"能源之星"、欧盟的绿色认证等政策。美国的"能源之星"是美国能源部和美国国家环境保护局共同推行的一项政府计划。1992年最早在电脑产品上推广。现在认证范围已扩展至30多类，如家用电器、制热/制冷设备、电子产品、照明产品等。美国的"能源之星"认证程序大致分三步：一是企业自愿选择经认可的实验室；二是实验室出具产品测试结果和评估报告；三是美国国家环境保护局批准，授予证书。这样就列入了"能源之星"产品清单。作为世界第二大经济体，我国理应有与全球贸易标准接轨的绿色认证体系。

2.6 小结

2.6.1 存在的问题

生态环境财政支出水平和支出效率有待进一步提高。尽管环保财政投入不断增加，但环保投入资金总量不足，用于生态环境保护的投资占GDP的比重依然过低，环境污染治理投资总额（包括城镇环境基础设施建设投资、工业污染源治理投资）占GDP的比重仅为0.67%（2019年）。"十四五"期间，我国生态环境形势依然严峻，生态环境保护工作仍然处于攻坚期，历史欠账多，新的生态环境问题不断涌现，部分地区、部分领域生态环境问题依然突出，财政投入总量与生态环境治理资金需求之间仍有很大差距。

财政补贴政策尚需进一步完善。财政补贴政策面临顶层设计、政策体系、技术支持、资金投入等方面问题，清洁能源和清洁生活方式的激励机制还不够完善，如清洁取暖中央补贴按照行政级别支付定额补助，

未充分体现试点城市改造任务量的差异；补贴制度设计不合理，缺乏导向性及精准性，市场积极性不高。

政府绿色采购制度不健全。我国尚未出台专门的绿色采购法律，关于政府绿色采购的要求大多是分散在多个法律条文的原则性指导意见中，对于具体操作、考核指标等具体要求需要进一步完善。我国政府绿色采购的标准体系建设仍处在起步阶段，尚无国家层面统一的绿色采购政策、绿色采购方法、绩效评价标准；绿色产品及技术的认证体系还需要进一步健全；尚未指定专门的机构和专业人员负责政府绿色采购，熟悉政府绿色采购相关业务的人才明显不足；采购双方在采购过程中对政府绿色采购实践的认识存在偏差，政府绿色采购专业化水平依然有很大的提升空间。

2.6.2 发展方向

完善生态环境保护财政政策。完善中央生态环境保护资金项目储备库。调整优化财政支出结构，加强对绿色产业和生态环境保护的财政支持力度。制定中长期生态环境保护预算，保障环境财政支出政策效益的连贯性。鼓励生态环境保护、污染治理等民生工程需求大、资金缺口大的地区适度增加地方政府专项债规模。

完善财政补贴政策体系。加强补贴政策与天然气价格、电价等政策之间的协调。研究支持居民清洁取暖的阶梯电价政策。完善相关清洁取暖技术的标准和法律规范，进一步细化清洁取暖补贴标准，充分发挥中央财政支持作用，利用市场吸引社会资本投入，完善多元化投融资机制，建立常态化稳定的资金来源渠道。推动陆上风电、光伏电站、工商业分布式光伏价格退坡，引导陆上风电、光伏电站、工商业分布式光伏尽快实现平价上网。提高新能源货车补贴标准，对新能源货车减征消费税，提高重型柴油货车消费税。研究推动符合国六标准的货车、新能源运输车辆的过路费优惠政策。

深化政府绿色采购制度。推进强制性政府绿色采购试点。开展工业生态设计制度研究，将其作为生产与消费的链接纽带，加强生态环境保护源头管控。完善政府绿色采购法律法规体系，有效引导和约束企业及消费者的行为，促进绿色采购的全方位推广实施。加强绿色采购的部门管理，严格落实绿色产品采购政策，使绿色采购法制化、标准化、规范化。探索建立统一的全国性的政府绿色采购信息平台，及时公开政府绿色采购信息。充分利用信息化手段，将专项资金的预算、申报、使用、决算的全过程纳入信息系统，进行实时跟踪，获取项目实际进度数据，据此对项目的绩效进行评价。

3

环境资源价格政策

为了使绿色发展价格机制进一步完善，国家和一些地方陆续印发了关于环境资源价格政策实施的文件，水价、电价等相关价格政策取得积极进展。农业水价综合改革仍存在问题，污水处理收费价格机制有待调整，生活垃圾计量收费进展缓慢。亟须进一步完善我国农业水价综合改革，健全污水处理费调整机制，加快推动垃圾计量收费改革。

3.1 水价政策

国家积极推动农业水价改革。2020 年 7 月，国家发展改革委、财政部、水利部、农业农村部联合印发《关于持续推进农业水价综合改革工作的通知》（发改价格〔2020〕1262 号），明确 2020 年改革计划、因地制宜推进改革、有序做好改革验收工作、积极谋划"十四五"期间改革工作、切实加强部门协同配合、完善绩效评价机制等任务。2019 年，加快推进农业水价综合改革，全年新增改革实施面积约 1.3 亿亩，为当年计划新增面积的 106%，累计实施面积达到 2.9 亿亩以上，改革由点及面稳步推进。根据各地实施计划，2020 年将新增改革实施面积 1.1 亿亩以上。

一些地方深化阶梯水价改革。2020 年，一些地方适时完善居民阶梯水价制度，实施并完善城镇非居民用水超定额、超计划累进加价制度，充分利用价格杠杆，强化节水意识。同年 3 月，湖南省发展改革委发布《关于 2020 年部分县城建立居民阶梯水价制度的通知》（湘发改价调〔2020〕165 号），明确 2020 年要全面推进郴州市安仁县、汝城县，怀化市中方县，湘西自治州龙山县、永顺县、保靖县、花垣县 7 个县城建立居民阶梯水价制度。同年 10 月，湖北省发展改革委、住建厅、水利厅印发《关于建立健全城镇非居民用水超定额累进加价制度的实施意见》（鄂发改价管〔2020〕413 号），明确城镇非居民用水将实行"阶梯水价"，引导高耗水行业和用水大户节约用水，促进水资源可持续利用和产业结构调整。甘肃省 2020 年 9 月 1 日起实施《甘肃省节约用水条例》，用水实行计量收费，非居民用水实行超定额累进加价制度，居民用水推行阶梯水价制度。

深入推进农业水价改革取得明显成效。截至 2020 年年底，四川累计实施农业水价综合改革面积 2 022 万亩，占总体改革面积的 1/2，其中大型灌区和大部分重点中型灌区的改革任务基本完成，改革取得积极成效；内蒙古实施改革面积 2 906.37 万亩，占总任务的 61.7%，大中型灌区的国管和群管分界点全部实现了用水计量，配置了计量设施，按方计收水费，黄河流域地表水灌区已实施了取水许可和计划用水，部分灌区国管工程水价已达到运维成本；云南实施改革的项目区农业节水普遍提高 20%以上，灌溉水有效利用系数从实施前不到 0.5 提高到 0.9 以上，促进农业增产、农民增收，引导农民调整作物种植结构，选择一些高附加值品种，取得了较好的经济效益。目前，多省（区、市）已总结部分地区推进农业水价综合改革的典型经验，探索形成可复制、易推广的改革模式。

专栏 3-1　农业水价综合改革的典型经验

　　浙江宁波经验：立足于人均水资源拥有量仅为全国人均水资源拥有量 55%的区域实际情况，宁波自 2018 年以来积极开展农业水价综合改革工作，着力提高农业用水效率，截至 2020 年年底，已全面完成 245 万亩改革任务。在改革工作推进中，宁波各地形成了不少经验，并向全省推介。例如，余姚 7 个典型灌片共配套 113 套用水计量设施，具有灌溉功能的机埠共 700 余座，基本实现计量设施全覆盖。奉化采用直接计量、以电折水、以点带面的方式，加强了农业用水定额管理，实现了精准补贴和节水奖励。

　　南京六合经验：2017—2020 年，南京市六合区扎实推进农业水价综合改革工作，顺利完成 78.62 万亩面积改革（涉及 9 个街道）。主要做法包括：注重发挥基层力量，建设用水合作组织；注重创新管护机制，压实工程管护责任；注重加强用水管理，合理分配农业水量；注重完善计量措施，探索计量方式多元化；注重健全水价机制，激发农业节水潜能；注重规范资金管理，开展水费计收工作；注重完善奖补机制，鼓励农民积极参与。截至 2020 年 6 月，全区已累计完成 78.62 万亩农业水价综合改革工作，完成计量设施安装 499 处，成立农民用水户协会 9 家，农田水利基础设施进一步完善，灌溉水利用系数明显提高，人民群众节水意识明显增强，有效加快了改革区农业现代化进程。

　　广州、湘潭等规范再生水价格管理。为规范再生水价格管理，提高再生水利用率，2020 年 6 月，广州市印发《广州市再生水价格管理的指导意见（试行）》，明确了再生水的价格构成、再生水运维和管理等其他方面的监督管理责任；同年 10 月，湘潭市发展改革委印发《湘潭市再生水价格管理指导意见（试行）》（潭发改价调〔2020〕476号），明确再生水价格实行市场调节价，由供需双方协商确定，但应遵循效率公平、补偿成本、保本微利、保持合理比价、低于城市居民生活用水价格的原则。另外，广东省梅州市发改局印发《关于梅州市再生水价格管理指导意见的通知》（梅市发改价格〔2020〕262号），湖南省怀化市发展改革委印发《关于加强再生水价格管理的意见》（怀发改价商〔2020〕14号），推进再生水的生产与使用，提高水资源综合利用效率。

3.2 电价政策

浙江、陕西等地完善居民阶梯电价政策。2020年12月，浙江省发展改革委发布《关于居民阶梯电价"一户多人口"政策执行等有关事项的通知》（浙发改价格函〔2020〕554号），积极回应群众对完善居民阶梯电价政策的诉求，明确自2021年1月1日起，居民阶梯电价"一户多人口"政策优惠范围将由原来"人户一致"的户籍居民，扩大为持居民户口簿、浙江省居住证（包括持其他本省合法长期居住证明的境外人士）、在同一住址共同居住生活的居民。2020年10月，陕西省发展改革委印发《关于进一步明确我省居民电采暖用电价格政策的通知》（陕发改价格〔2020〕1450号），明确执行居民电采暖用电价格政策的"一户一表"居民用户，每年11月1日至次年3月31日的用电量不执行居民阶梯电价政策，即按照居民阶梯第一档电价不加价执行，年内其他月份执行相对应的居民阶梯电价。

优化峰谷分时电价。2020年11月，国家发展改革委、国家能源局印发《关于做好2021年电力中长期合同签订工作的通知》（发改运行〔2020〕1784号），指出峰谷差价作为购售电双方电力交易合同的约定条款，在发用电两侧共同施行，拉大峰谷差价。该通知印发前，山东省发展改革

委曾下发《关于山东电网2020—2022年输配电价和销售电价有关事项的通知》，对现行工商业及其他用电峰谷分时电价时段进行优化。甘肃省发展改革委也发出通知，从2021年1月1日起调整销售电价、优化峰谷分时电价政策。浙江省、湖北省也陆续发布最新峰谷电价规则，峰谷价差拉大的同时，峰谷电价时段都有调整。

健全差别电价和惩罚性电价。2020年12月，国务院办公厅转发国家发展改革委等部门《关于清理规范城镇供水供电供气供暖行业收费促进行业高质量发展的意见》（国办函〔2020〕129号），提出健全差别电价机制、完善峰谷分时电价政策、深入研究并逐步解决电价政策性交叉补贴问题等。2020年，山东省发展改革委会同山东省生态环境厅印发《关于钢铁企业试行超低排放差别化电价政策的通知》（鲁发改价格〔2020〕551号）；山西省生态环境厅等五部门印发《关于钢铁企业试行超低排放差别化电价政策的通知》（晋环大气〔2020〕76号）；河南省生态环境厅会同河南省发展改革委印发《关于对钢铁、水泥企业试行超低排放差别化电价、水价政策推进环境空气质量持续改善的通知》（豫环文〔2020〕80号），对钢铁、水泥企业试行超低排放差别化电价政策，强化生态环境政策措施对促进产业升级的正向拉动作用，综合运用价格机制推动行业高质量发展。

调整光伏发电电价政策。为充分发挥市场机制作用，引导光伏发电行业合理投资，推动光伏发电产业健康有序发展，2020年3月，国家发展改革委发布《关于2020年光伏发电上网电价政策有关事项的通知》（发改价格〔2020〕511号），提出自2020年6月1日起，纳入国家财政补贴范围的Ⅰ～Ⅲ类资源区新增集中式光伏电站指导价，分别确定为每千瓦时0.35元（含税，下同）、0.4元、0.49元（图3-1）；纳入2020年财政补贴规模，采用"自发自用、余量上网"模式的工商业分布式光伏发电项目，全发电量补贴标准调整为每千瓦时 0.05 元；纳入 2020 年财政补贴规模的户用分布式光伏全发电量补贴标准调整为每千瓦时 0.08 元。2020 年 7 月，国家发展改革委办公厅、国家能源局综合司发布《关于公布 2020 年风电、光伏发电平价上网项目的通知》（发改办能源〔2020〕588 号），明确2020 年光伏发电平价上网项目装机规模为 3 305.06 万 kW。

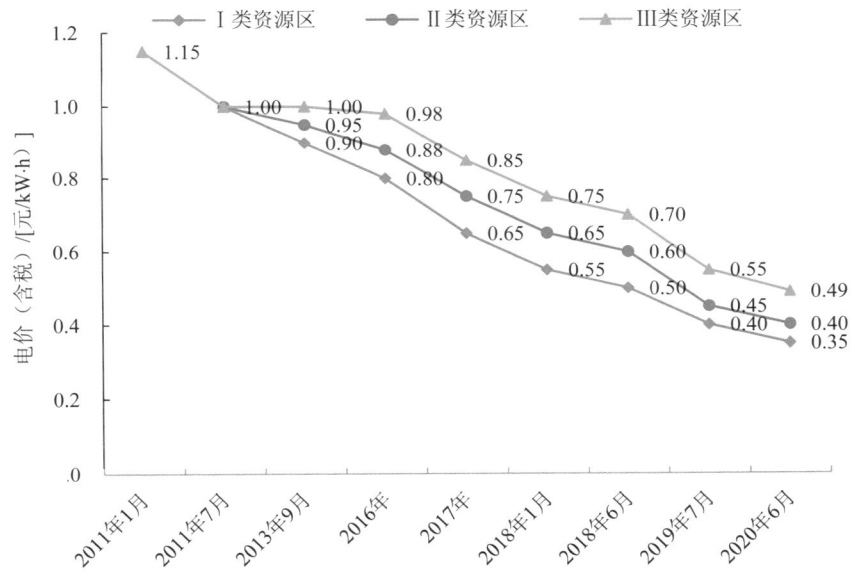

图 3-1　光伏发电上网标杆电价调整走势

3.3　其他资源型产品价格政策

推进天然气价格政策改革。2020 年 3 月，国家发展改革委对《中央定价目录》（2015 年版）进行了修订，删除了天然气门站价格，推进竞争性环节的市场化改革，按照"放开两头、管住中间"的改革思路，将"天然气"项目修改为"油气管道运输"，自 2020 年 5 月 1 日起施行。

7月1日，国家发展改革委、国家市场监管总局发布《关于加强天然气输配价格监管的通知》（发改价格〔2020〕1044号），在梳理供气环节减少供气层级，合理制定省内管道运输价格和城镇燃气配气价格，严格开展定价成本监审，加强市场价格监管等四大方面，提出加强天然气输配价格监管。此后，为落实国家相关要求，各省（区、市）陆续出台相关文件，要求在辖区内对管道运输价格执行情况、管道运输企业生产经营情况开展摸底调研和定价成本监审工作。山西、甘肃等省发展改革部门和市场监管部门联合印发相关文件，进一步加强本地天然气输配价格监管，重点整治部分地区天然气供气环节过多、加价水平过高、收费行为不规范等行为，切实减轻用户用气负担。广州等城市制定了更加具体的监管标准，并对城市配气价格上限做出了规定。

3.4 环境收费政策

完善长江经济带污水处理收费机制。2020年4月，国家发展改革委、财政部、住房和城乡建设部、生态环境部、水利部五部委联合印发《关于完善长江经济带污水处理收费机制有关政策的指导意见》（发改价格〔2020〕561号），进一步完善污水处理成本分担机制、激励约束机制和收费标准动态调整机制，健全相关配套政策，有效利用收费政策工具推动长江经济带水污染防治和绿色发展。这不仅对长江水质保护具有重要意义，也对做好流域的系统协调治理和全国污水处理发挥了示范引领效应。政策将持续驱动污水处理行业的发展，更好地促进绿色发展和生态文明建设。据统计，长江经济带11个省（市）的相关污水处理费征收管理办法已出台（表3-1），并且历年都上调污水处理费，但因为各地资源禀赋不同，部分有困难地区的项目运行及还本付息资金尚有缺口。

表 3-1　长江经济带污水处理费征收实施概况

省（市）	年份	相关政策/办法	内容	污水处理费
上海市	2016	《上海市污水处理费征收使用管理实施办法》	1）市属污水处理设施服务范围内的污水处理费，由市级水行政主管部门负责征收，征收标准及计费方式与原排水费一致；2）对经测定排放污（废）水指标超过《污水排入城镇下水道水质标准》的重点污染用户，每立方米继续加收 0.80 元	1）居民：1.7 元/m³；2）工商业：2.34 元/m³；3）行政事业：2.24 元/m³；4）特种用水：2.34 元/m³
重庆市	1998	《重庆市城市污水处理费征收管理办法》	在本市城市规划区内排放污水的单位和个人，应按照本办法缴纳城市污水处理费。但单位排放污水已独立处理、经排水监测部门测量达到国家规定排放标准的除外	2009 年第三次调整：城区污水处理费由现行的 0.7 元/m³ 调整为 1 元/m³，自来水价格由现行的 2.1 元/m³ 调整为 2.7 元/m³
江苏省	2006	《江苏省污水处理费征收使用管理实施办法》	1）城市供水价格与污水处理费统筹协调的原则；2）污染者付费、多排污多付费的原则；3）运行优先、泥水并重的原则	2018 年，全省平均污水处理费情况：1）居民：1.22 元/m³；2）非居民：1.41 元/m³
浙江省	2015	《浙江省污水处理费征收使用管理办法》	1）污水处理费是按照"污染者付费"原则，由排水单位和个人缴纳并专项用于城镇污水处理设施建设、运行和污泥处理处置的资金；2）污水处理费属于政府非税收入，全额上缴地方国库，实行专款专用；3）鼓励各地区采取政府与社会资本合作（PPP）模式、政府购买服务等多种形式	2004 年，杭州市第二次调整：居民生活用水由现行 0.40 元/m³ 调整为 0.50 元/m³；非经营性用水由现行 0.40 元/m³ 调整为 0.60 元/m³；经营性用水和特种行业用水由现行 0.40 元/m³ 调整为 0.70 元/m³

省（市）	年份	相关政策/办法	内容	污水处理费
安徽省	2005	《安徽省城市污水处理费管理暂行办法》	1）未收取城市污水处理费的城市应当按照国家规定收取城市污水处理费，自收取城市污水处理费之日起 3 年内建成城市污水集中处理设施，并投入运行； 2）征收的城市污水处理费应专款专用	2016 年年底前，全面实施征收污水处理费，调整城市污水处理收费标准。 设市城市： 1）居民：不低于 0.95 元/m³； 2）非居民：不低于 1.4 元/m³。 县城： 1）居民：不低于 0.85 元/m³； 2）非居民：不低于 1.2 元/m³
江西省	2016	《江西省污水处理费征收使用管理实施办法》	1）污水处理费将按照"污染者付费"原则，由排水单位和个人缴纳； 2）污水处理费一般应当按月征收，并全额上缴地方国库； 3）污水处理费将按个人的用水量计征	2018 年，污水处理费收费标准调整为：设市城市原则上应调整至： 1）居民：不低于 0.95 元/m³； 2）非居民：不低于 1.4 元/m³。 县城、重点建制镇原则上应调整至： 1）居民：不低于 0.85 元/m³； 2）非居民：不低于 1.2 元/m³
湖北省	2008	《湖北省城市污水处理费征收使用暂行办法》	尚未建成城市污水集中处理设施的城市，可以先行征收城市污水处理费，自征收之日起 3 年内，必须建成城市污水集中处理设施，并投入正常运行	2016 年年底以前，设市城市污水处理收费标准原则上应调整至： 1）居民：不低于 0.95 元/m³； 2）非居民：不低于 1.4 元/m³。 县城： 1）居民：不低于 0.85 元/m³； 2）非居民：不低于 1.2 元/m³

省（市）	年份	相关政策/办法	内容	污水处理费
四川省	2005	《四川省城市生活污水处理费收费管理办法》	1）按照"谁污染、谁治理"的原则，由城市范围内向城市排水管网排入污水的单位和个人（包括使用自备水源的）缴纳； 2）城市污水处理费实行政府定价； 3）收取城市污水处理费后，建设部门不再收取城市排水设施使用费，环保部门不再收取污水排污费，但不免除超标排污费	以成都市为例，2016年8月该市调整居民污水处理收费标准，由0.9元/m³调整为0.95元/m³；非居民和特种行业污水处理收费标准暂不调整
贵州省	2007	《贵州省城镇污水处理费征收管理规定》	1）可以按供水量征收，0.8元/m³； 2）已建成污水处理厂并投入正常运行的城镇污水处理费标准，将按照污水处理成本加合理盈利进行核定；自备供水单位未安装排污计量装置的以取水量的90%征收污水处理费，安装排污计量装置的以计量征收污水处理费	2016年12月，将居民类污水处理费从0.70元/m³调整为1元/m³；将非居民类和特种行业污水处理费调整为1.4元/m³
云南省	2019	《关于创新和完善促进绿色发展价格机制的实施意见》	1）坚持污染者付费。遵循污染者使用者付费、保护者节约者受益的原则。 2）坚持激励约束并重。健全价格激励和约束机制。 3）坚持因地分类施策	2019年年底前，原则上设市城市和市（州）政府所在城市，应将污水处理费标准调整至： 1）居民：不低于0.95元/m³； 2）非居民：不低于1.4元/m³。 县城和重点建制镇应调整至： 1）居民：不低于0.85元/m³； 2）非居民：不低于1.2元/m³

目前，我国已经形成了较全面的污水处理费相关政策体系，政策框架见表3-2。

表 3-2　我国污水处理费的政策框架

政策级别	发布单位	政策名称	颁布时间	政策内容
国家法律	全国人民代表大会常务委员会	《中华人民共和国水污染防治法》	2017 年 6 月	收取的污水处理费应当用于城镇污水集中处理设施的建设运行和污泥处理设施
行政法规	国务院	《城镇排水与污水处理条例》	2013 年 10 月	污水处理费应当纳入地方财政预算管理，专项用于城镇污水处理厂的建设、运行和污泥处理处置
部门规章	国家计委、建设部	《城市供水价格管理办法》	1998 年 9 月	污水处理费的标准根据城镇排水管网和污水处理厂的运行维护和建设费用核定
部门规章	财政部、国家发展改革委、住房和城乡建设部	《污水处理费征收使用管理办法》	2014 年 12 月	污水处理费专项用于城镇污水处理设施的建设、运行和污泥处理处置，并以污水处理费的代征手续费支出；征收标准应按照覆盖污水处理设施正常运营和污泥处理处置成本并合理盈利的原则制定
规范性文件	国家发展改革委、财政部、住房和城乡建设部	《关于制定和调整污水处理收费标准等有关问题的通知》	2015 年 1 月	污水处理收费应按照"污染付费、公平负担、补偿成本、合理盈利"的原则，其收费标准的制定要补偿污水处理和污泥处置设施的运营成本并合理盈利
规范性文件	国务院	《关于推进价格机制改革的若干意见》	2015 年 10 月	合理提高污水处理收费标准，城镇污水处理收费标准不应低于污水处理和污泥处理处置成本，探索建立政府向污水处理企业拨付的处理服务费用与污水处理效果挂钩调整机制
规范性文件	国家发展改革委	《关于创新和完善促进绿色发展价格机制的意见》	2018 年 6 月	明确了制定污水处理费标准的原则是补偿污水处理和污泥处置设施运营成本（不含污水收集和输送管网建设运营成本）并合理盈利，清晰地界定了价格和财政对成本的分担机制

政策级别	发布单位	政策名称	颁布时间	政策内容
规范性文件	国家发展改革委、财政部、住房和城乡建设部、生态环境部、水利部	《关于完善长江经济带污水处理收费机制有关政策的指导意见》	2020年4月	按照"污染付费、公平负担、补偿成本、合理盈利"的原则，完善长江经济带污水处理成本分担机制、激励约束机制和收费标准动态调整机制，健全相关配套政策，建立健全覆盖所有城镇、适应水污染防治和绿色发展要求的污水处理收费长效机制

生活垃圾收费仍以定额收费为主，部分地区向计量收费逐步过渡。现行生活垃圾收费方式主要为定额收费、按用水量收费和计量收费等三种方式。一是实行定额收费。我国大部分城市采用定额收费，如南京、苏州、无锡、重庆、武汉等。例如，江苏省各地城市生活垃圾处理收费均实行政府定价管理，实行定额收费，其中：住户收费标准为 1.5～6.0 元/（户·月），单位收费标准为 1.5～4 元/（人·月），行业按照类别分类定价。二是按用水量收费，逐步向计量收费过渡。生活垃圾产生量与用水量成正比，因此，可以按用水量折算相应系数收取生活垃圾处理费。目前，厦门、昆明、中山等城市使用该方法计费。按用水量收费，以供水收费系统为收费渠道，保证了收费的稳定性和可靠性，但其减量化效果不佳。三是计量收费。垃圾按桶收费的城市主要有上海和广州等，上海基数内每桶 40 元、60 元、80 元，基数外每桶 80 元、120 元、160 元，广州 6 元/桶（0.3 m^3）；垃圾按吨收费的城市主要有北京、天津、深圳、厦门、杭州等，非居民北京 300 元/t、天津 260 元/t、深圳 125 元/t、厦门 30～75 元/t、杭州 150 元/t。

深圳市推动生活垃圾"随袋征收"计量收费。2020 年 9 月，《深圳市生活垃圾分类管理条例》正式实施，深圳市按照"谁产生谁付费和差别化收费"的原则，逐步建立计量收费、分类计价的收费制度。

为深入开展计量收费相关工作，进行生活垃圾计量收费实践顶层设计，初步提出优化生活垃圾处理收费制度的思路。2020 年 6 月，深圳市生活垃圾分类管理事务中心启动"生活垃圾计量收费区域性试点实践项目"公开招标，计划借鉴韩国的做法，推行垃圾处理费"随袋征收"模式，中标人将于 2020 年 12 月向深圳市生活垃圾分类管理事务中心提交项目成果。深圳市生活垃圾计量收费区域性试点工作有望在 2021年年初正式开展。

海口市推动餐厨垃圾计量收费。2020 年 12 月，海口市人民代表大会常务委员会发布《海口市人民代表大会常务委员会关于制止餐饮浪费的决定》（公告第 42 号），明确要求餐饮经营者不得设置最低消费额，网络自媒体不得从事假吃催吐、夸张猎奇、暴饮暴食等宣传铺张浪费的直播行为。餐饮经营者要明确标示菜品分量、价格以及套餐的建议用餐人数，鼓励提供小份、位菜等不同规格的菜品；主动提示消费者合理点餐，建议按需搭配菜品；主动提示消费者打包剩余菜品，并提供打包服务；明示服务项目和收费标准。鼓励餐饮经营者通过打折、积分奖励、停车优惠等方式引导消费者节约用餐。同时，对餐饮经营者、单位食堂等产生的餐厨垃圾，应当按照"谁产生谁付费、多产生多付费"的原则，逐步实施计量收费等收费制度。

部分地区积极探索建立农村垃圾处理制度。2019 年，河源市龙川县四都镇发布《关于印发〈四都镇农村生活垃圾处理费收费制度〉的通知》（四府发〔2019〕36 号），其中单位征收标准为：机关、社会团体、企事业单位（含私有企业、公司）按在职职工人数（含固定工、临时工）每人每月 2 元征收；营业性场所征收标准为：①农贸市场按营业面积以 0.2 元/（d·m²）征收；②台球厅、网吧等娱乐场所及美容美发业按营业面积以 0.5 元/（月·m²）征收；③日用百货店、建材五金店、家用电器店及维修店、药店、照相馆、机动车和自行车及其维修店（装潢店）、洗车场点等按营业面积以 0.5 元/（月·m²）征收；④酒楼、饭店等餐饮业以及超市按营业面积以 0.8 元/（月·m²）征收；⑤废品收购站按使用面积以 1 元/（月·m²）征收。村（居）民按档位收取农村生活垃圾处理费，各村（居）按常住人口每人每年 12～20 元的标准收取，具体征收细则由各村（居）结合自身实际情况，按照"一事一议"原则，召开村（居）民代表大会确定。此外，向民政部门领取生活困难补助的低保对象和享受国家长期抚恤补助的重点优抚对象、烈属、五保户、残疾人特困户等弱势群体，凭民政部门的低保及其他证件，到镇政府申请，核实批准后给予农村生活垃圾处理费减免。

甘肃等省（市）更新调整危险废物处置费标准。国家实行危险废物处置收费制度。危险废物处置收费（不包括放射性废物送贮费）为经营服务性收费，其收费标准将按照"补偿危险废物处置成本、合理盈利"的原则核定。2020 年，甘肃省发展改革委发布了《关于调整甘肃省危险废物处置中心危险废物处置收费标准的批复》（甘发改价格〔2020〕859号），规定医疗危险废物处置收费标准：有固定床位的医疗机构收费标准为 3.3 元/（床·d），无固定床位的医疗机构（不含社区卫生服务站）收费标准为 60 元/（月·科室），社区卫生服务站及其他产生医疗废物的医疗机构执行原核定的收费标准；工业危险废物处置收费执行原标准不变，由政府定价调整为政府指导价，以现行收费标准为上限，具体收费标准由企业协商确定。此外，北京、上海、广东等多个省（市）积极落实国家发展改革委《关于进一步清理规范政府定价经营服务性收费的通知》（发改价格〔2019〕798 号）要求，根据定价目录和实际工作开展情况，公布了更新调整后的《政府定价的经营服务性收费目录清单》，但危险废物处置收费标准均未发生变化。

浙江省和广东省率先建立无居民海岛有偿使用制度。2018 年 7 月，国家海洋局发布《关于海域、无居民海岛有偿使用的意见》，提出"到 2020 年，基本建立保护优先、产权明晰、权能丰富、规则完善、监管有效的海域、无居民海岛有偿使用制度；率先在浙江、广东有序推进无居民海岛使用权市场化出让工作"。《浙江省海岛保护规划（2017—2022）》提出："逐步规范无居民海岛开发利用秩序，进一步健全无居民海岛使用权市场化出让制度，全面落实无居民海岛使用行政许可和有偿使用制度，无居民海岛利用过程中产生的垃圾污水 100%按规定处理和排放。"2019 年，浙江省地方标准《无居民海岛估价规程》（DB 33/T 2203—2019）发布，将生态价值纳入无居民海岛价格，避免对无居民海岛的盲目开发，以最小的生态和环境代价实现海岛的生态化利用，充分发挥市场在海洋资源利用配置中的作用。2019 年，广东省自然资源厅印发《无居民海岛使用权市场化出让办法（试行）》（粤自然资规字〔2019〕5 号），进一步规范无居民海岛资源市场化配置工作。2020 年 7 月，浙江省人民政府办公厅印发《关于加强海域使用金、无居民海岛使用金征收管理意见的通知》（浙政办发〔2020〕33 号），规定了无居民海岛使用金的征收范围、管理机制、征收标准、免缴范围等。

3.5　小结

3.5.1　存在的问题

农业水价综合改革有待深化。一是农业水价形成机制不健全。灌区农业水价长期低于供水单位运行维护成本，以成本补偿为目标的农业水价形成机制难以建立。水资源过度消耗对生态环境的影响并未纳入农业水价体系中。二是农业水价保障机制不到位。目前，全国大部分地区仍采用斗渠计价法（或按亩平摊法），仅有少数水资源稀缺地区和部分试点地区探索推行终端水价制度，加之终端计量设施的短缺，使得农业用水分级分档定价机制难以落实。三是农业水价奖补机制不完善。在现阶段农业水价综合改革中，精准补贴以及节水奖励制度还存在一定的缺陷，主要原因是资金短缺、种植作物种类复杂多样、测量设备相对落后等，高效节水工程一次性滴灌带和规模性建设的设施投入大，奖励和补贴投入资金不够，资金落实难度较大，补贴难以做到精准。

污水处理收费价格机制有待调整。一是现有的污水处理价格机制使地方财政污水处理支出压力与污水处理企业经营效益之间的矛盾不断加深。在污水处理费标准不变的情况下，若污水处理服务单价不及时调整，会打击污水处理企业积极性，导致政策落地困难，污水处理"市场化"进程受阻；反之，则会使地方财政污水处理支出压力不断加大，污水处理财政收支缺口持续扩大。二是污水处理收费政策实施中存在的困难导致污水处理成本测算工作相对滞后。在当前价格水平下，应要求污水处理厂的全成本得到覆盖，然而在实际操作中，各地对污水处理成本构成并不明确，污水管网运维、污泥处理处置成本该不该测算、应该如何测算，没有形成统一标准，成本与价格之间的关系也大多处在倒挂状态。随着环境保护政策的不断推进，污水处理运营相关成本不断提高，加重了污水处理成本价格倒挂现象。污水处理成本测算工作的滞后影响了污水处理价格政策的实施成效。

生活垃圾计量收费进展缓慢。早在 2002 年，我国就出台了《关于实行城市生活垃圾处理收费制度 促进垃圾处理产业化的通知》，当时国内就已经开始全面征收垃圾处理费用。但十几年来，国内城市的垃圾收费制度基本还停留在费用固定、按户计征的水平上，按户收取固定费用导致居民缺乏足够的垃圾减量动力。有关垃圾收费制度的探索，多数

城市的垃圾计量收费仍然停留在政策的推动阶段，距离全面落地实施、成为地方长期执行的制度尚有一定距离。

3.5.2　发展方向

继续深化农业水价综合改革。一是构建优化农业水价形成机制。建立灌区成本核算制度体系，正确划分供水成本核定范围，根据成本变化合理制定或调整水价。制定合理的差价体系，对水资源稀缺程度不同的地区实行分档定价，实行农业用水定额管理和超额累进加价制度，超额部分水价可参考工业用水或城市用水价格水平制定。二是探索建立农业水价分担机制。在政府着力推进的同时，加强与企业、金融等社会机构的合作，拓宽融资途径，分担政府及农户的资金和改革压力，并以市场化机制推动农业和农田水利的共同发展。引入 PPP 模式，吸引更多的社会资本投入到农业水价改革工作中。三是构建优化农业水价奖补机制。完善水利工程建设投资补贴机制，补贴大型水利工程建设，建立政府补贴与农民投劳投资相结合的补贴机制。完善水利工程运行管护补贴机制，将水利工程日常运行维护纳入农村公共服务保障体系，明确补贴标准。四是加强项目联结和部门间合作。进一步强化涉及农田水利建设的多个项目间的联结，继续深化农业水利工程建设项目资金的统筹规划，建立健全部门间的沟通合作机制。

健全污水处理费调整机制。一是正确处理城镇污水处理费征收与财政补贴间的关系。城镇污水处理费应坚持收费为主、公共财政补贴为辅的原则，合理划分收费财政补贴的权责界限。公共财政主要负担公共属性强的污水收集和输送管网建设运营成本。二是逐步提高污水处理费的征收标准。建议推动污水处理费的合理上涨，提高其在整体水价中的比重，将污水处理费标准提高到能够覆盖污水处理和污泥处置设施运营成本并合理盈利的水平。借鉴新加坡、日本东京等的做法，将污水处理费政策与水价政策同步实施，采取阶梯式收费方式。三是积极探索建立污水处理农户付费制度。在已建成污水集中处理设施的农村地区，综合考虑村集体经济状况、农户承受能力、污水处理成本等因素，探索建立农户付费制度，合理确定付费标准，可适当补充农村污染治理资金。

加快推动垃圾计量收费改革。一是根据生活垃圾分类情况进行差别化收费，完善激励约束机制。在垃圾处理计量收费的基础上，对于进行垃圾分类的居民，可以考虑较低的垃圾收费；对于未按规定进行垃圾分类的居民，可以考虑较高的垃圾收费，用经济杠杆加强居民垃圾分类减量意识。建立阶梯式垃圾收费机制，引导居民进行垃圾减量。运用经济杠杆实现源头减废，建立"增量控制、超量加价"的垃圾处理阶梯式收费制度，通过设定垃圾量年度基数和增长控制比例来控制垃圾排放总量。二是合理确定收费方式和标准。按照补偿成本且合理盈利的原则，根据居民的收入情况和垃圾处理成本等因素，因地制宜、合理选取随袋计量收取垃圾费、单一费率收取垃圾费、变动费率收取垃圾费等收费模式，合理确定收费方式和标准。三是完善收费监管体系。建立从垃圾费收缴到专款专用的全过程监督体系，涉及收费主体和款项支配主体的依法行政行为以及居民的依法缴纳行为，使居民"买单"的垃圾处理活动为其带来实实在在的好处。

4

生态补偿政策

我国生态补偿机制不断健全完善。国家积极推进生态补偿机制,《生态保护补偿条例》公开征求意见,地方积极探索生态补偿立法,多地出台政策,探索推进多元化生态补偿机制。推进生态综合补偿试点工作,重点生态功能区转移支付规模略有下降。多地积极探索生态保护红线补偿机制,流域生态补偿稳步推进,森林、草原、海洋等领域生态补偿深化推进。

4.1 生态补偿政策总体进展

国家积极推进生态补偿机制。国务院办公厅于 2020 年 6 月发布《关于印发自然资源领域中央与地方财政事权和支出责任划分改革方案的通知》(国办发〔2020〕19 号),明确指出,将受全国性国土空间用途管制影响而实施的生态补偿确认为中央与地方共同财政事权,由中央与地方共同承担支出责任。2020 年 4 月,财政部、生态环境部、水利部及国家林草局联合出台《支持引导黄河全流域建立横向生态补偿机制试点实施方案》(财资环〔2020〕20 号),提出通过逐步建立黄河流域生态补偿机制，实现黄河流域生态环境治理体系和治理能力的进一步完善和提升。2020 年 8 月，《国务院关于印发北京、湖南、安徽自由贸易试验区总体方案及浙江自由贸易试验区扩展区域方案的通知》（国发〔2020〕10 号）出台，明确提出，探索完善异地开发生态保护补偿机制和政府主导、企业和社会各界参与、市场化运作、可持续的生态产品价值实现路径；推广新安江流域生态补偿机制、林长制改革经验，探索在长江流域上下游之间开展生态、资金、产业、人才等多种补偿。

《生态保护补偿条例》公开征求意见。2020 年 11 月，国家发展改革委将《生态保护补偿条例》（公开征求意见稿）及起草说明向社会公开征求意见，明确了省级人民政府负责本行政区域内生态保护补偿工作的组织领导，制定生态保护补偿规章，统筹、协调和组织实施本区域内生态保护补偿工作；省级以下人民政府应将生态保护补偿工作纳入重要议事日程，健全生态保护补偿配套制度体系，落实各项生态保护补偿政策。国家建立政府主导的生态保护补偿机制，对重要自然生态系统的保护，以及划定为重点生态功能区、自然保护地等生态功能重要的区域予以国家财政补助，并鼓励社会力量参与生态保护补偿机制建设，推进生态保护补偿市场化发展。

地方积极探索生态补偿立法。2020 年 12 月，海南省第六届人民代表大会常务委员会第二十四次会议通过了《海南省生态保护补偿条例》，明确了生态保护补偿应当遵循的原则，明确了森林、湿地、海洋、重点生态区域、流域上下游等补偿范围，同时也对资金来源、管理、使用等做出明确要求。

多地探索推进多元化生态保护补偿机制。2020 年 4 月，安徽省生态环境厅、财政厅发布的《2020 年安徽省水环境生态补偿实施方案》，提出继续开展新安江流域生态补偿第三轮试点工作，稳步实施大别山区

水环境生态补偿，全面实施地表水断面生态补偿、滁河流域上下游横向生态补偿和沱湖流域上下游横向生态补偿，建立健全以市级横向补偿为主、省级纵向补偿为辅的地表水断面生态补偿机制。由广东省第十三届人民代表大会常务委员会第二十六次会议于 2020 年 11 月通过的《广东省水污染防治条例》提出，省人民政府应当推进水环境生态补偿制度和标准体系建设，通过资金补偿、对口协作、产业转移、人才培训、共建园区等方式，推动受益地区与上游地区、受水地区与供水地区建立生态补偿关系。2020 年 8 月，西安市发展和改革委员会牵头起草的《西安市关于健全生态保护补偿机制的实施方案》印发实施，进一步健全完善生态保护补偿机制，加快推进生态文明建设。建立健全生态保护补偿机制，建立稳定的投入制度，让受益者付费，对保护者进行合理补偿。通过这种激励性制度，促进生态保护者和受益者良性互动，调动全社会保护生态环境的积极性。

4.2 生态综合补偿

深入推进生态综合补偿试点工作。2020 年 2 月，国家发展改革委印发《生态综合补偿试点县名单》（发改振兴〔2020〕209 号），分别在安徽省、福建省、江西省、海南省、四川省、贵州省、云南省、西藏自治区、甘肃省、青海省确定了 50 个生态综合补偿试点县。强调扎实做好试点组织工作，充分认识开展生态综合补偿工作的重要意义，加强督促指导，做好组织协调，确保试点工作稳妥有序推进。组织试点县做好实施方案的编制工作，及时协调有关部门解决试点中的突出问题，定期报送试点情况，确保试点工作质量和效果。

专栏 4-1 多地推进生态综合补偿试点

安徽省：根据 2020 年 2 月国家发展改革委印发的《生态综合补偿试点县名单》，确认安徽省六安市金寨县、池州市石台县、安庆市岳西县、黄山市歙县、黄山市休宁县列入生态综合补偿试点县名单。安徽省发展改革委组织生态综合补偿试点县结合本地实际编制实施方案，指导各地系统梳理和总结现阶段生态保护补偿资金的使用情况和问题，按照"因地制宜、有所侧重"的原则，确定本地试点任务重点，研究提出创新生态补偿方式的主要思路和政策措施，明确开展生态综合补偿试点的主要目标和重点工作。

海南省：根据 2020 年 2 月国家发展改革委公布的《生态综合补偿试点县名单》，海南省有 5 个县（市）被纳入其中，分别是五指山市、昌江黎族自治县、琼中黎族苗族自治县、保亭黎族苗族自治县、白沙黎族自治县。计划该 5 个县（市）在创新森林生态效益补偿制度、推进建立流域上下游生态补偿制度、发展生态优势特色产业和推动生态保护补偿工作制度化方面开展试点，探索可复制、可推广的经验。试点方案明确，到 2022 年，海南省生态综合补偿试点工作要取得阶段性进展，资金使用效益得到有效提升，生态保护地区造血能力得到增强，生态保护者的主动参与度明显提升，与地方经济发展水平相适应的生态保护补偿机制基本建立。

甘肃省：根据 2020 年 2 月国家发展改革委公布的《生态综合补偿试点县名单》，确定甘肃省 5 个县：武威市天祝县，甘南藏族自治州玛曲县、迭部县、卓尼县和张掖市肃南县，为生态综合补偿试点县。甘肃入选的 5 个县将在 4 个方面开展生态综合补偿试点：一是创新森林生态效益补偿制度。对集体和个人所有的二级国家级公益林和天然商品林，要引导和鼓励其经营主体编制森林经营方案，科学发展林下经济，实现保护和利用的协调统一。完善森林生态效益补偿资金使用方式，优先将

有劳动能力的贫困人口转成生态保护人员。二是推进建立流域上下游生态补偿制度。推进流域上下游横向生态保护补偿，加强省内流域横向生态保护补偿试点工作等。三是发展生态优势特色产业。鼓励和引导地方以新型农业经营主体为依托，加快发展特色种养业、农产品加工业和以自然风光、民族风情为特色的文化产业和旅游业，实现生态产业化和产业生态化。四是推动生态保护补偿工作制度化。出台健全生态保护补偿机制的规范性文件，明确总体思路和基本原则，厘清生态保护补偿主体和客体的权利义务关系，规范生态补偿标准和补偿方式。

福建省：2020 年，国家发展改革委公布了《生态综合补偿试点县名单》，认定 50 县为国家生态综合补偿试点县。福建有 5 地入选，分别是三明市泰宁县、南平市武夷山市、宁德市寿宁县、福州市永泰县、漳州市华安县。5 个县（市）均在全国重点生态功能区范围内，均为福建省实施综合性生态保护补偿的县（市），具备开展国家生态综合补偿试点的基础条件。根据《生态综合补偿试点方案》，试点任务由四部分组成，分别是创新森林生态效益补偿制度，推进建立流域上下游生态补偿制度，发展生态优势特色产业，以及推动生态保护补偿工作制度化。

4.3 区域性生态补偿

4.3.1 国家重点生态功能区补偿

重点生态功能区转移支付规模略有下降。为引导地方政府加强生态环境保护力度，提高国家重点生态功能区所在地政府基本公共服务保障能力，中央财政在均衡性转移支付项下设立国家重点生态功能区转移支付。自 2008 年中央财政设立国家重点生态功能区转移支付以来，国家不断加大对重点生态功能区的保护力度。2020 年，中央财政下达重点生态功能区转移支付 794.50 亿元，比 2015 年增加 285.5 亿元，增幅达 56.1%（图 4-1）。财政部为贯彻直达基层、直达民生资金落实的方案要求，重点生态功能区转移支付 59.4 亿元列入直达资金管理，并纳入中央财政直达资金监控系统，进行全程监测。其中，根据财政部发布的《关于下达2020 年中央对地方重点生态功能区转移支付预算的通知》（财预〔2020〕68 号）下达资金纳入直达管理 14.4 亿元，剩余直达管理资金分别从财政部下达深度贫困地区中央对地方重点生态功能区转移支付预算中调整纳入 15 亿元、财政部预拨中央对地方重点生态功能区转移支付预算中调整纳入 30 亿元。该项直达资金的标识为"01002 正常转移支付"，该项标识贯穿资金分配、拨付、使用等整个环节，且保持不变。与此同时，我国不断扩大国家重点生态功能区范围，在纳入国家重点生态功能区后，各地将获得相关财政、投资等政策支持，但必须严格执行产业准入负面清单制度。按照相关规定，纳入国家重点生态功能区的地区要强化生态保护和修复，合理调控工业化、城镇化开发内容和边界，保持并提高生态产品供给能力。基层政府财政部门要将转移支付资金用于保护生态环境和改善民生，加强资金使用管理，提高转移支付资金使用效益。

强化地方重点生态功能区转移支付资金使用管理。2020 年 6 月，为推进生态文明建设、引导地方政府加强生态环境保护、提高国家重点生态功能区等生态功能重要地区所在地政府的基本公共服务保障能力，财政部发布《关于下达 2020 年中央对地方重点生态功能区转移支付预算的通知》，按照中央对地方重点生态功能区转移支付办法，将 2020 年重点生态功能区转移支付预算分配下达各省（区、市），总计下达 794.50 亿元[①]。对于甘肃省的补助最多，为 66.81 亿元。就用途而言，重点补助数额最大，

---

① 数据来源：财政部. 关于下达 2020 年中央对地方重点生态功能区转移支付预算的通知（财预〔2020〕68 号），2020 年 6 月。

为 625.92 亿元（表 4-1 和图 4-2）。要求省级财政部门根据本地财力情况，制定省对下重点生态功能区转移支付办法，将相关资金落实到位，并将分配办法和结果上报财政部。基层财政要将中央财政直达资金统筹用于保护生态环境和改善民生；将中央财政直达资金分解落实到单位和具体项目时，对于资金来源既包含中央财政直达资金又包含其他资金的，应在预算指标文件、指标管理系统中按资金明细来源分别列示，在指标系统中分别登录，并将中央财政直达资金部分导入直达资金监控系统。

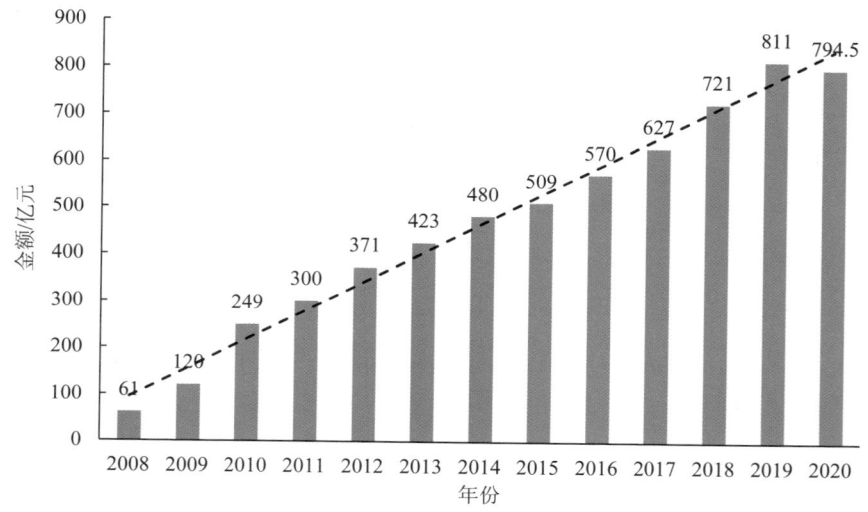

图 4-1　2008—2020 年国家重点生态功能区转移支付增长情况

数据来源：董战峰，郝春旭，葛察忠，等. 环境经济政策年度报告 2018[J]. 环境经济，2019（7）：12-39；财政部. 中央对地方重点生态功能区转移支付办法（财预〔2019〕94 号），2019.5；财政部. 关于下达 2020 年中央对地方重点生态功能区转移支付预算的通知（财预〔2020〕68 号），2020.6。

表4-1 2020年中央对地方重点生态功能区转移支付分配情况①

单位：亿元

地区	2020年补助总额	直达市县基层部分	此次发文	财预(2020)49号	财预(2020)19号	已经下达	此次下达	重点补助	三区三州补助	其他深度贫困地区补助	长江经济带补助	藏区生态补偿	支持南水北调中线水源地生态保护补偿	禁止开发补助	藏区生态补偿	引导性补助	考核奖励	考核扣减
地方合计	794.50	59.40	14.40	15.00	30.00	707.17	87.33	625.92	40.00	80.00	40.00	20.00	7.79	65.00	10.00	106.43	7.84	-3.99
北京	2.04					1.98	0.06	1.22						0.76		0.06		
天津	0.79					0.79		0.46						0.19			0.14	
河北	39.64	2.42	1.95	0.47		33.86	5.78	33.81		2.63				1.62		2.84	1.59	-0.22
山西	10.14	0.86	0.54	0.32		8.65	1.49	8.85		1.70				1.01		0.27	0.20	-0.19
内蒙古	33.63	0.48	0.08	0.40		30.24	3.39	26.48		2.13				2.51		4.94		-0.30
辽宁	5.90	0.22		0.22		5.33	0.57	1.74		1.15				1.60		2.56		
大连	0.18					0.16	0.02	0.01						0.17				
吉林	10.26	0.04		0.04		9.33	0.93	7.39		0.22				1.57		1.40		-0.10
黑龙江	28.39	1.23	1.09	0.14		24.53	3.86	22.48		0.71				3.32		2.15	1.15	-0.71

① 数据来源：财政部。关于下达2020年中央对地方重点生态功能区转移支付预算的通知（财预（2020）68号），2020.6。

地区	2020年补助总额	直达市县基层部分	此次发文	其中财预(2020)49号	财预(2020)19号	已经下达	此次下达	重点补助	三区三州补助	其他深度贫困地区补助	藏区生态补偿补助	长江经济带补助	支持南水北调中线水源地生态保护补偿	禁止开发补助	藏区生态补偿	引导性补助	考核奖励	考核扣减
						附	附			其中	其中				其中			
上海	0.68					0.61	0.07	0.46				0.46		0.22				
江苏	2.03					1.83	0.20	1.35				1.35		0.68				
浙江	4.61					4.15	0.46	2.80				1.42		1.81				
宁波																		
安徽	23.30	0.99	0.36	0.63		20.69	2.61	13.51		3.35		3.42		1.54		8.34	0.16	
福建	12.95	0.09	0.09			11.57	1.38	5.89						1.67		5.29	0.10	
厦门																		
江西	21.28	0.07	0.07			19.09	2.19	15.06				4.86		2.02		4.55		
山东	8.92	0.12		0.12		8.18	0.74	6.36		0.64				1.71		0.85		
青岛																		
河南	22.88	0.21	0.21			21.08	1.80	11.53		1.11		3.24	0.76	1.83		10.30		
湖北	36.06	1.26	0.67	0.59		31.87	4.19	31.77		3.15		3.24	1.50	1.43		3.86	0.14	−0.78
湖南	45.34	0.56	0.56			41.13	4.21	38.92		3.00		4.01		2.08		4.84		−0.79
广东	12.56					11.30	1.26	7.25						1.50		3.81		

地区	2020年补助总额	附·直达市县基层部分	附·其中·此次发文	附·其中·财预(2020)49号	附·其中·财预(2020)19号	附·已经下达	附·此次下达	重点补助	其中·三区三州补助	其中·其他深度贫困地区补助	其中·长江经济带补助	其中·藏区生态补偿	其中·支持南水北调中线水源地生态保护补偿	禁止开发补助	其中·藏区生态补偿	引导性补助	考核奖励	考核扣减
深圳																		
广西	29.22	1.96	0.32	1.64		26.16	3.06	24.22		8.77				1.46		3.31	0.23	
海南	19.09	0.03		0.03		17.18	1.91	18.46		0.17				0.63				
重庆	25.18	0.66	0.42	0.24		22.29	2.89	15.89		1.26	3.13			1.16		7.79	0.44	
四川	48.58	7.32		0.04	7.28	44.45	4.13	40.60	7.72	0.22	5.81	6.17		4.42	1.11	3.96		
贵州	58.24	3.13	1.00	2.13		51.68	6.56	47.92		11.32	4.65			1.42		8.84	1.06	
云南	59.75	5.29		3.44	1.85	54.30	5.45	51.82	4.05	18.37	7.65	1.19		2.95	0.66	6.48		
西藏	25.93	8.52	5.59		8.52	24.19	1.74	17.48	5.08			3.93		8.24	4.59	0.61		
陕西	37.22	6.42		0.83		28.25	8.97	29.38		4.42			5.53	1.50		6.49	0.10	−0.25
甘肃	66.81	6.41	0.50	2.50	3.41	60.24	6.57	55.54	4.62	13.30		2.35		3.54	1.06	8.29	0.64	−0.65
青海	39.15	8.94			8.94	36.28	2.87	32.87	5.01			6.36		6.13	2.58	0.45	0.45	
宁夏	18.56	2.01	1.56	0.45		15.26	3.30	16.34		2.38				0.46		0.49	1.27	
新疆	45.19	0.16	0.16			40.52	4.67	38.06	13.52					3.85		4.11	0.17	

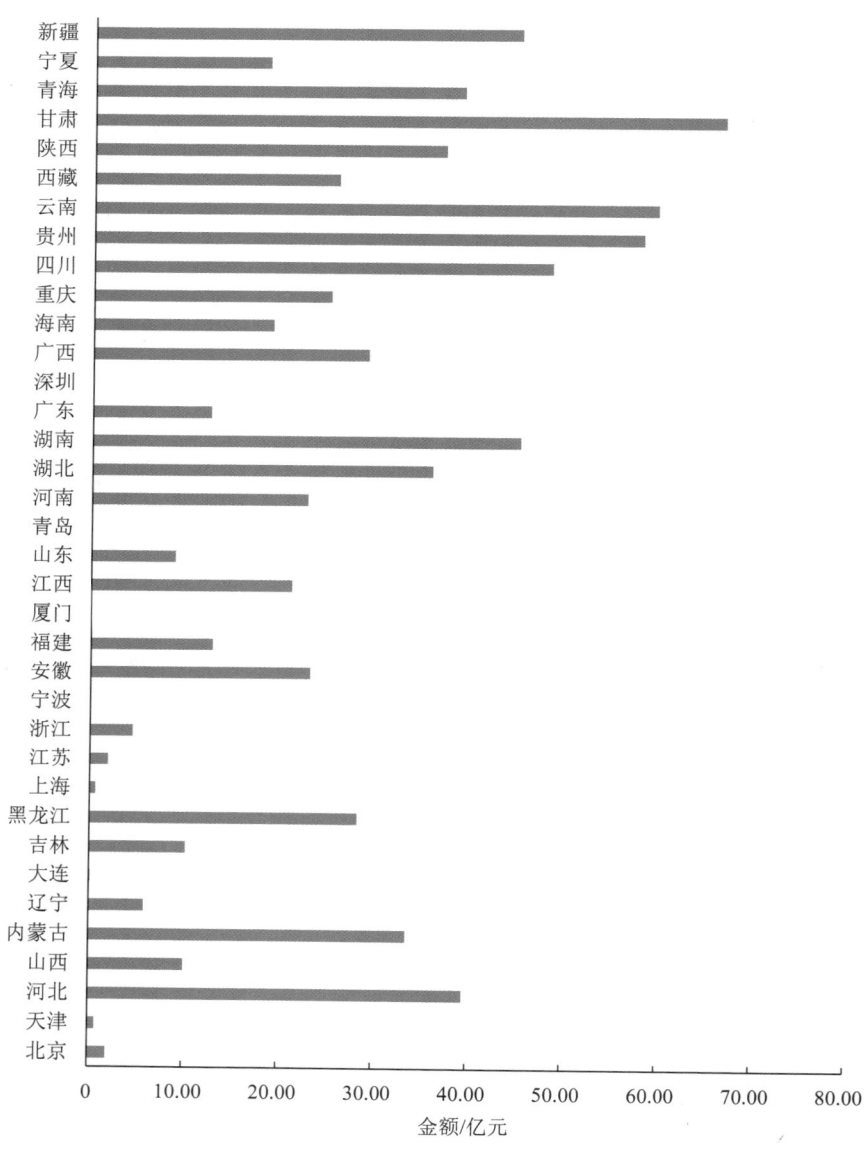

图 4-2　2020 年各地重点生态功能区转移支付金额

4.3.2 生态保护红线补偿

多地积极探索生态保护红线补偿机制。广东省积极探索生态保护红线补偿机制，明确补偿范围，合理确定补偿标准。广东省在 2018—2020年，以生态补偿政策为切入点，依托"四个机制"，全面谋划推进生态环境保护工作，建立更具普惠性的保护区生态补偿机制。以构建"一核一带一区"区域发展格局为引领，将财政补偿转移支付覆盖范围由 26个重点生态功能区县扩围至 48 个生态发展区县，由 50 个国家级禁止开发区扩围至 145 个省级以上禁止开发区，将生态保护红线区和国家级海洋特别保护区新增纳入财政补偿范围。2019 年 3 月 20 日，广州市财政局、广州市生态环境局印发《广州市生态保护补偿办法（试行）》，明确对依据相关规定划定的生态保护红线进行生态保护补偿。

专栏4-2 广州市生态保护红线补偿标准核算方法

生态保护红线补偿资金根据各区生态保护红线不同类型占地面积及权重、区财政保障能力以及保护效果考核情况等因素综合计算。

生态保护红线补偿标准核算方法如下：

某区生态保护红线补偿金额＝生态保护红线补偿资金总额×某区生态保护红线折算面积比重

某区生态保护红线折算面积比重＝（某区生态保护红线折算面积/各区生态保护红线折算面积总和）×100%

生态保护红线折算面积＝（重要土壤保持区面积+水源涵养区面积+生物多样性保护地区面积+水土流失、石漠化敏感区面积+自然保护区核心区面积+一级水源保护区面积+森林公园生态保育区面积+湿地保育区

面积）×1+（风景名胜区核心景区面积+地质公园面积、地质遗迹保护区面积+其他生态保护红线区域面积）×0.8

生态保护红线相关市级管理部门在红线范围内发现被相关执法部门认定破坏生态环境（如毁林、引发森林火灾等）、污染环境（如偷排、漏排、超标排放污染物并造成较大环境影响）的，报经市环保工作领导小组审核同意后，按照 10 万元/宗扣减相应区的生态保护红线补偿金。

4.4 流域生态补偿

《长江保护法》对长江流域生态补偿提出明确要求。2020 年 12 月，第十三届全国人民代表大会常务委员会第二十四次会议通过了《长江保护法》，国家建立了长江流域生态保护补偿制度。国家加大财政转移支付力度，对长江干流及重要支流源头和上游的水源涵养地等生态功能重要区域予以补偿。具体办法由国务院财政部门会同国务院有关部门制定。国家鼓励长江流域上下游、左右岸、干支流地方人民政府之间开展横向生态保护补偿。国家鼓励社会资金建立市场化运作的长江流域生态保护补偿基金，鼓励相关主体之间采取自愿协商等方式开展生态保护补偿。

推进建立黄河流域横向生态补偿机制。2020 年 4 月，财政部、生态环境部、水利部、国家林草局联合发布了《支持引导黄河全流域建立横向生态补偿机制试点实施方案》（财资环〔2020〕20 号），提出通过逐步建立黄河流域生态补偿机制，建立健全生态产品价值实现机制，增强自我造血功能和自身发展能力。中央财政每年从水污染防治资金中安排一部分资金，支持引导沿黄九省（区）探索建立横向生态补偿机制。资金纳入中央生态环保资金项目储备库管理，采用因素法分配，主要因素及权重分别为：水源涵养指标 30%、水资源贡献指标 25%、水质改善指标 25%、用水效率指标 20%。资金安排向上中游倾斜，可按照各地机制建设进度、预算执行情况、绩效评价结果等设定调节系数。根据试点工作进展情况，将适时对分配资金相关因素指标和权重进行调整完善，以便更好地推进流域生态补偿机制运行。2020 年，中央财政环保专项资金为沿黄九省（区）安排 234.3 亿元，重点支持大气、水、土壤等污染防治和农村环境整治；安排 10 亿元生态补偿资金，引导黄河流域建立全流域生态补偿机制。同年 12 月，生态环境部召开例行新闻发布会，提出继续加大对黄河流域生态环境保护投入力度，对生态环境质量改善明显的地区给予重点支持，推动黄河流域完善生态补偿机制，鼓励建立跨省和省内流域上下游生态补偿机制，做好黄河流域国家重点生态功能区县域生态环境质量监测评价。

深化新安江流域横向生态补偿探索。为继续保护千岛湖不可多得的优质水资源，解决好新安江上下游发展与保护的矛盾，使保护水资源、提供良好水质的上游地区得到合理补偿，浙皖两省正式实施新安江流域横向生态补偿第三轮试点。浙江、安徽每年各出资 2 亿元，并积极争取中央资金支持。与前两轮试点相比，第三轮试点进一步优化水质考核指标。根据绩效评价报告反映出的近年来上游来水总磷、总氮指标上升等问题，在水质考核中加大总磷、总氮的权重；同时相应提高水质稳定系数，引导安徽省加大水质治理力度。同时，第三轮试点深化拓展补偿机制，在货币化补偿的基础上，增加了探索多元化的补偿方式以及上下游之间加强相互监督、联防联治等内容。经过第三轮试点，2020 年新安江流域总体水质为优并稳定向好，跨省界断面水质达到地表水环境质量 II 类标准。每年向千岛湖输送近 70 亿 m^3 干净水，千岛湖水质实现同步改善。生态环境部环境规划院评估结果表明，新安江生态系统服务价值达

246.5 亿元，水生态服务价值为 64.5 亿元。三轮试点以来，黄山市生产总值连续跨上 700 亿元、800 亿元两个台阶，财政收入突破百亿元关口，人均主要指标居全省中上水平。

长江流域川渝实施横向生态保护补偿。2020 年 9 月，四川省生态环境厅、重庆市生态环境局签订《深化川渝两地水生态环境共建共保协议》，川渝两地筛选部分重点跨界河流试点流域横向生态保护补偿。双方将进一步建立健全川渝两地协作机制，统筹推进流域水环境保护、水生态修复和水资源管理。该协议确定，川渝两地将深化水生态环境共建共保，厘清生态补偿双方权益和义务，商定流域生态补偿标准和资金核算方法，促进双方落实生态环境保护责任，并鼓励两省（市）、市（区）、县级政府之间自行协商，签订流域横向生态保护补偿协议。四川省财政厅、重庆市财政局签订了《长江流域川渝横向生态保护补偿实施方案》。选取长江干流和濑溪河流域作为首轮试点河流。初步建立"1+1"（长江干流+重要支流）的川渝跨省（市）流域横向生态保护补偿格局，两省（市）每年共同出资 3 亿元，设立川渝流域保护治理专项资金，用于相关流域的污染综合治理、生态环境保护、环保能力建设，以及产业结构调整等工作。川渝长江干流保护治理资金 2 亿元，由川渝分别出资 1 亿元设立；川渝长江重要支流（濑溪河）保护治理资金 1 亿元，由川渝分别出资 0.5 亿元设立。

汀江—韩江流域横向生态补偿机制成效明显。在汀江—韩江流域第一轮横向生态奖补政策支持下，流域水质始终保持在Ⅲ类以上水平，生态环境得到有效保护。为持续推动流域生态建设，2020 年财政部再次下达福建省 2020 年汀江—韩江流域上下游横向生态补偿机制奖励资金 2 亿元[1]，确定给予第二轮奖补政策支持，补偿资金统筹用于生态环境保

---

① 数据来源：福建省人民政府官网。

护、水源涵养、污染防治、统一监测、强化监管等。截至 2020 年 7 月，已完成第一轮 3 年试点。其间，汀江、九峰溪、中山河、象洞溪跨省界断面水质全部达到协议目标要求。

甘肃省启动祁连山地区黑河、石羊河流域上下游横向生态保护补偿试点。以"成本共担、效益共享、合作共治"为原则，共同推进黑河、石羊河流域水环境改善，进而筑牢西北生态安全屏障，为建立流域横向生态补偿机制奠定基础。根据试点方案，试点实施期为 3 年，涉及甘肃省金塔县、甘州区等 7 个县（区）。流域上游承担保护生态环境的责任，同时享有水质改善、水量保障带来利益的权利；流域下游地区对上游地区为改善生态环境付出的成本给予补偿，同时享有上游水质恶化、过度用水的受偿权利。上下游县（区）根据实际协商确定补偿基准、补偿方式、联防共治机制等，并签订补偿协议。此外，甘肃省对符合考核断面水质达标、主要水污染物指标较上年度有所降低等相关要求的县（区）予以奖励。单个县（区）3 年累计奖励资金最高可达 1 000 万元。

上海市建立流域横向生态补偿机制。2020 年 12 月，根据财政部、生态环境部、国家发展改革委、水利部制定的《加快建立流域上下游横向生态保护补偿机制的指导意见》等文件精神，上海市生态环境局、市财政局联合制定《上海市流域横向生态补偿实施方案（试行）》，明确在市级统一引导和协调下，按照"惩劣奖优"的原则，建立上海市流域内各责任区多点互补、市级资金引导的横向生态补偿机制，加强了上海市流域水资源保护、水污染防治和生态环境保护工作。

海南出台流域上下游横向生态保护补偿实施方案。2020 年 12 月，海南省政府办公厅印发《海南省流域上下游横向生态保护补偿实施方案》，指出要加快建立健全全省流域上下游横向生态保护补偿机制。明确流域上游市县承担保护生态环境的责任，同时享有水质改善、水量

保障带来利益的权利。流域下游市（县）对上游市（县）为改善生态环境付出的努力作出补偿，同时享有水质恶化、上游过度用水的受偿权利。除资源共享、权责对等之外，实施原则还包括协同保护、联防联治，多元合作、互利共赢。该实施方案适用于全省流域面积 500 km^2 及以上跨市县河流湖库和重要集中式饮用水水源的生态保护补偿。主要包括：南渡江、昌化江、万泉河、龙州河、定安河（大边河）、陵水河、宁远河、文澜江、藤桥河、大塘河、松涛水库、赤田水库、牛路岭水库、石碌水库等涉及全省 17 个市县的 10 条河流、4 个湖库、18 个断面。实施内容包括断面水质考核目标、断面水量考核因子、市县之间补偿等，流域上下游市县政府之间补偿将实行"季度核算、年终结算"的办法。

湖南省各市（州）积极签订流域横向生态保护补偿协议。2020 年 3 月，怀化市与湘西州人民政府之间本着互惠互利、友好协商的原则，签订了《湘西土家族苗族自治州人民政府—怀化市人民政府沅水流域横向生态保护补偿协议》，以位于湘西州泸溪县与怀化市辰溪县交界处的国家考核浦市上游断面、位于湘西州泸溪县与怀化市沅陵县交界处的省考核青木岭断面的水质为依据，当两个断面的水质下降时，由上游市（州）补偿下游市（州）；水质提升时，则由下游市（州）补偿上游市（州）。断面水质评价直接采用国家、省公布的水质监测数据和评价结果。2020 年 3 月，益阳市与娄底市签订《资江流域横向生态保护补偿协议》，加强资江流域水环境联防共治，奠定了资江流域水环境持续改善向好的基础，进一步健全生态保护补偿机制，加快推进益阳市生态文明建设。以坪口断面水质为监测及补偿的依据，水质评价以"国家地表水考核断面采测分离"公布的水质监测数据和评价结果为准，实施资江流域横向生态保护补偿。2020 年 4 月，常德市与张家界市签订澧水流域横向生态保护补偿协议，开展澧水流域水环境联防共治。以常德市与张家界市澧水交界断面水质作为考核依据，若当月断面水质类别达到Ⅰ类标准，或较上年水质类别有所提升，则常德市补偿张家界市80万元；若当月断面水质为Ⅱ类标准，互不补偿；若当月断面水质为Ⅲ类标准，则张家界市补偿常德市80万元。2020年5月，赫山区人民政府与桃江县人民政府正式签订《志溪河流域横向生态保护补偿协议》，两地以交界处牛轭湾考核断面的水质为依据，实施志溪河流域横向生态保护补偿。

> **专栏4-3　云南省获2020年中央长江经济带生态保护修复奖励资金**
>
> 中央财政实施长江经济带生态保护修复奖励政策是鼓励沿江省份加快建立流域横向生态补偿机制、推动形成长江大保护格局的重要举措。云南省主动融入国家长江经济带发展战略，坚持把保护修复长江生态环境摆在重要位置，与四川、贵州共同签署《赤水河流域横向生态保护补偿协议》，在全国率先建立多省间流域横向生态补偿机制，积极构建"1+2"流域横向补偿政策构架。2018—2020年，云南省财政统筹安排12.86亿元资金，支持长江流域省内涉及的7个市（州）、49个县（市、区）签订补偿协议，在全国第一批实现补偿机制全覆盖。通过流域横向生态补偿，有力调动流域内政府和群众保护生态的积极性和主动性。2020年，云南省获得中央财政安排的长江经济带生态保护修复奖励资金2.55亿元，为进一步改善长江流域生态环境质量提供有力的资金保障。
>
> 云南省牢牢把握国家加大长江经济带生态补偿支持力度的政策契机，以赤水河跨省流域补偿国家试点成效与经验为引领，加快推进长江流域省内机制建设实践，探索形成契合云南实际的流域补偿规范制度和

工作程序，逐步建立覆盖全省六大水系的生态补偿体系；积极争取中央对云南生态功能区转移支付、生态环境保护治理专项资金等支持，坚决打好污染防治攻坚战，全力支持生态文明建设排头兵和中国最美丽省份建设。

丽水市加快探索水流生态补偿机制。浙江省丽水市在 2020 年积极探索推进瓯江流域生态补偿，进一步推进瓯江流域上下游横向生态补偿机制落地落实，扩大生态横向补偿覆盖面。全域统筹将 7 个上下游交界断面纳入机制建设，签订补偿协议；出台《丽水市级饮用水水源地补偿实施办法（试行）》，规定用水区地方财政安排专项补偿资金，同时建立饮用水售水价格构成机制，从水价中提取保护补偿资金，向供水区财政转移支付，通过饮用水资源与资金的价值转化，进一步推进供水区严格落实水源地保护责任。同时，提高综合考核结果运用，在省对市（县）水质考核、"绿色指数"等奖惩政策基础上，将上下游县（市、区）横向生态保护补偿机制建设纳入年度综合考核、"美丽丽水"建设考核等重要内容，重点对上下游地区的流域保护治理、补偿协议签订、资金兑付、生态补偿资金使用等进行监督。

4.5 其他领域生态补偿

4.5.1 草原生态保护补助奖励

草原生态保护补助奖励政策持续推进。2020 年，草原补助奖励政策继续按照《新一轮草原生态保护补助奖励政策实施指导意见（2016—2020 年）》实施。据统计，此项补助奖励共分禁牧补助、草畜平衡奖励和绩效考核奖励三部分，累计金额高达 187.6 亿元。其中，禁牧补助、

70

草畜平衡奖励要求各地按照"对象明确、补助合理、发放准确、符合实际"的原则，根据补助奖励标准和封顶保底额度，做到及时足额发放。资金发放实行村级公示制，广泛接受群众监督。在通过绩效评价奖励统筹支持落实禁牧补助和草畜平衡奖励基础工作的同时，要求各地用于草原生态保护建设和草牧业发展的比例不得低于 70%，并因地制宜推进草牧业试验试点，加大对新型农业经营主体发展现代草牧业的支持力度。

专栏 4-4　云南省推进实施草原生态保护补助奖励机制

2020 年，云南省财政厅积极争取中央资金支持，安排草原生态保护补助奖励政策资金 28 477 万元，用于全省 228.1 万亩退化草原生态修复治理，有力促进了云南省草原生态恢复、畜牧业生产和农民生活改善。截至 2020 年 11 月，资金已全部下达各地，其中贫困县下达 22 880 万元、非贫困县下达 5 597 万元。"十三五"以来，云南省累计实施退化草原人工种草生态修复和治理 410 万亩，投入中央财政资金 6 亿元，主要以人工种草、改良草地、草原有害生物防治等方式，对全省中重度退化草原开展生态修复工作。云南省财政厅将继续配合相关部门加强草原生态环境保护政策研究，积极争取中央支持，优化财政资源配置，加强草原生态保护，助力生态文明建设。

4.5.2　森林生态效益补偿

中央财政加大林业生态保护投入。2020 年 4 月，财政部、国家林业和草原局发布《林业草原生态保护恢复资金管理办法》（财资环〔2020〕22 号），以加强和规范林业生态保护恢复资金使用管理，推进资金统筹

使用，提高财政资金使用效益，促进林业生态保护恢复。明确中央财政预算安排林业草原生态保护恢复资金，主要用于天然林资源保护工程（以下简称"天保工程"）社会保险、天保工程政策性社会性支出、全面停止天然林商业性采伐、完善退耕还林政策、新一轮退耕还林还草、草原生态修复治理、生态护林员补助、国家公园补助等方面。林业草原生态保护恢复资金采取因素法分配。其中，新一轮退耕还林还草补助按照国务院有关部门下达的年度任务和补助标准确定补助规模。退耕还林，每亩退耕地补助1 200元①，5年内分三次下达，第一年500元，第三年300元，第五年400元；退耕还草，每亩退耕地补助850元，3年内分两次下达，第一年450元，第三年400元。生态护林员补助存量资金重点巩固前期脱贫攻坚成效，增量资金按照中西部省（区、市）贫困人口数量、资源面积、政策等因素分配，权重分别为70%、20%和10%。各省（区、市）在分配林业草原生态保护恢复资金时，应当结合相关工作任务和本地实际，向革命老区、民族地区、边疆地区、贫困地区倾斜；脱贫攻坚有关政策实施期内，向深度贫困地区及贫困人口倾斜。强调林业草原生态保护恢复资金应建立全过程预算绩效管理机制。其绩效目标分为整体绩效目标和区域绩效目标，主要内容包括与任务数量相对应的质量、时效、成本等。绩效评价结果应作为完善林业草原生态保护恢复资金政策、改进管理，以及下一年度预算申请、安排、分配的重要依据。其中，对于草原生态修复治理补助中纳入贫困县涉农资金统筹整合范围的部分，区域绩效目标对应的指标按被整合资金额度调减，不考核该部分资金对应的任务完成情况。2020年共计发放52.74亿元，其中黑龙江省最多，高达13.72亿元（表4-2）。

地方强化林业资金管理。2020年7月，浙江省财政厅、林业局联

---

① 数据来源：财政部，《林业草原生态保护恢复资金管理办法》（财资环〔2020〕22号），2020年4月。

合下发了《关于印发〈浙江省中央林业草原生态保护恢复资金管理实施办法〉和〈浙江省中央林业改革发展资金管理实施办法〉的通知》（浙财建〔2020〕61 号），规定林业草原生态保护恢复资金主要用于浙江省全面停止天然林商业性采伐和国家公园等方面，同时采取因素法分配，其中承担相关改革或试点任务的可以采取定额补助。天保工程区外天然林停伐补助按照国有天然有林地面积、"十二五"时期国有天然林年均采伐限额、国有天然林停伐产量等因素分配，权重分别为80%、10%和10%。国家公园补助按照国家公园面积、重要程度、人口、绩效等因素分配，权重分别为 40%、30%、20%、10%，可以根据财力状况适当调节。此外，浙江省财政厅、林业局印发了《关于下达 2020 年森林生态效益补偿资金的通知》（浙财建〔2020〕49 号），明确了省级以上生态公益林最低补偿标准由 31 元/亩提高至 33 元/亩，其中损失性补偿支出标准由 26 元/亩提高至 28 元/亩，国家级和省级自然保护区的公益林补偿标准为 40 元/亩。安徽等省也分别出台相应管理办法，对补助标准进行了明确，同时强化了林业资金使用管理。

表 4-2 2020 年林业草原生态保护恢复资金分配表[①]   单位：万元

地区	2020 年分配情况
河北	6 842
山西	2 754
内蒙古	55 023
辽宁	4 873
吉林	36 386

---

① 数据来源：财政部，《关于下达 2020 年林业草原生态保护恢复资金预算的通知》（财资环〔2020〕41 号），《关于下达 2020 年林业草原生态保护恢复资金预算的通知》（财资环〔2020〕70 号）。

地区	2020 年分配情况
黑龙江	137 192
浙江	2 465
安徽	63
福建	5 207
江西	1 546
河南	708
湖北	9 089
湖南	3 116
广东	12
广西	171
海南	8 368
重庆	1 208
四川	29 587
贵州	49 298
云南	16 918
西藏	14 141
陕西	24 283
甘肃	33 827
青海	63 158
宁夏	3 658
新疆	17 532
合计	527 425

专栏 4-5 云南省积极支持林业和草原生态补偿

积极建立森林生态效益补偿制度。为落实好云南省森林生态效益补偿机制，省财政厅会同省林草局不断提高补偿标准，云南省国家级和省级公益林已实现公益林补偿、管护全覆盖。2020 年，中央和省级财政共安排迪庆州森林效益补偿资金 19 560 万元[①]（其中，国家级公益林补偿资金 14 929 万元，省级公益林补偿资金 4 631 万元），纳入森林生态效益补偿的公益林为 1 274.28 万亩（其中，国家级 1 015.7 万亩，省级 258.58 万亩）。

筹措新一轮退耕还林还草工程资金。按照省委、省政府的决策部署，云南全省新一轮退耕还林还草任务优先倾斜贫困地区，精准扶贫，精准发力，全面助力脱贫攻坚。根据新一轮退耕还林还草总体方案，2020 年已安排迪庆州退耕还林还草资金 3 400 万元[①]。

支持新一轮天然林保护工程建设。2020 年度下达迪庆州新一轮天然林保护工程专项经费 15 024.52 万元[①]，其中，天保工程管护费 12 083.76 万元，天然林停伐管护补助 1 215.00 万元，天保工程社会保险补助、政策性及社会性支出补助、改革奖励补助支出 1 725.75 万元。

促进藏区生态保护脱贫。云南省在实施"生态补偿、脱贫一批"以来，为认真贯彻落实中央和省委、省政府打好"三区三州"生态扶贫攻坚战的决策部署和各项要求，将增加贫困群众收入作为生态扶贫的根本出发点和落脚点。云南省以生态护林员作为迪庆州生态扶贫的主要抓手，2020年安排迪庆州生态护林员资金 16 165 万元[①]，占全省资金总量的 9.59%。

[①] 数据来源：云南省财政厅，《云南省财政厅对省第十三届人大第三次会议第 642 号建议的答复》（云财资环函〔2020〕24 号），2020 年 8 月。

专栏 4-6　福建省政府办公厅印发《关于建立武夷山国家公园生态补偿机制的实施办法（试行）》

　　福建省人民政府办公厅于 2020 年 8 月印发了《关于建立武夷山国家公园生态补偿机制的实施办法（试行）》。对照中央文件精神、总体方案和《武夷山国家公园总体规划》要求，借鉴兄弟省的做法，结合武夷山国家公园体制试点区的实际情况，共设定了 11 项生态补偿内容。

　　生态公益林保护补偿。自 2020 年起，对省级以上生态公益林，在省定补偿标准（经济林和竹林每亩 22 元、乔木林和其他地类每亩 23 元[①]）的基础上，连续 3 年每年每亩增加补偿金 2 元，即 2020 年经济林和竹林 24 元、乔木林和其他地类 25 元，2021 年经济林和竹林 26 元、乔木林和其他地类 27 元，2022 年经济林和竹林 28 元、乔木林和其他地类 29 元。

　　天然商品乔木林停伐管护补助。自 2020 年起，在省定天然林停伐管护补助的基础上，连续 3 年每年每亩增加停伐管护补助 2 元，即 2020 年 25 元，2021 年 27 元，2022 年 29 元。从 2021 年起，补助范围在乔木林的基础上，扩大到灌木林地、未成林封育地、疏林地，补助标准与乔木林一致。

　　林权所有者补偿。对武夷山国家公园内生态公益林、天然商品林（经营性毛竹林除外）的林权所有者，按每年每亩 3 元标准予以补偿。

[①] 数据来源：福建省发展改革委官网，《建立武夷山国家公园生态补偿机制实施办法（试行）》的政策解读。

商品林赎买。在开展赎买意愿摸底调查及申报工作的基础上,逐步将武夷山国家公园生态修复区范围内集体和个人所有的人工商品林调整为国有林。

地役权管理补偿。从 2020 年起,对国家公园范围内部分集体毛竹林和未进行商品林赎买的集体和个人所有的人工商品林实施地役权管理。

退茶还林补偿。对《武夷山国家公园条例(试行)》实施前已开垦的、不符合国家公园规划和生态保护要求的茶园,按照国家公园规划要求,限期进行生态改造,并优先安排造林绿化补助资金,用于补助复绿责任主体。

流域生态保护补偿。武夷山国家公园所涉及的县(市、区)按辖区内国家公园的保护面积占比权重,将相应的重点流域生态保护补偿金全部用于国家公园范围内的流域污染治理和生态保护项目。

生态移民搬迁安置补偿。对因保护确需迁出居民的,依法给予补偿或者安置。同时,鼓励采取产业转移、就业培训和安排公益性岗位等多种方式实施生态移民搬迁安置工作。

人文资源保护补助。加大对具有历史、艺术、科学价值的古建筑、纪念性建筑、古遗址、古墓葬和摩崖石刻、近现代重要史迹、历史建筑、特色民居、红色文化、闽越文化、朱子文化、野生动植物科普教育基地及茶文化、民俗、民间音乐舞蹈等人文资源的保护性补助,并优先安排专项资金给予支持。

绿色产业发展与产业升级补助。积极引进先进技术和发展生态环保产业,指导、支持发展生态旅游业、现代农业等绿色产业生产项目,并优先安排专项资金给予支持。

农村人居环境治理补助。2020 年年底前，实现生活垃圾处理率超过 90%，生活污水治理率超过 80%，村庄建筑风貌得到有效管控。对国家公园所涉行政村开展村庄国土空间规划编制工作，新建或改造规模化水厂和供水管网。对于公厕建设、户厕改造、垃圾污水处理、家园清洁和农房整治等，国家公园所涉自然村公厕、生活垃圾和污水处理系统的运行管护等予以适当补助。

对福建省集体和个人所有的二级国家级公益林和天然商品林，要引导和鼓励其经营主体编制森林经营方案，在不破坏森林植被的前提下，合理利用其林地资源，适度开展林下种植养殖和森林游憩等非木质资源开发与利用，科学发展林下经济，实现保护和利用的协调统一。要完善福建省森林生态效益补偿资金使用方式，优先将有劳动能力的贫困人口转成生态保护人员。

专栏 4-7　内蒙古包头市"三落实"助力生态扶贫

包头市始终坚持"绿水青山就是金山银山"的理念，包头市的森林覆盖率达到 18.3%，生态环境得到进一步改善。2020 年，市财政积极争取资金 2.8 亿元，用于落实护林员工资、退耕还林、森林生态效益补偿、森林抚育补贴等工作，促进贫困地区稳定脱贫，提高生态减贫脱贫质量。

落实生态护林员劳务补助 138 万元。设立生态管护公益性岗位，优先聘用有劳动能力的建档立卡贫困人员从事管护工作，推动就业稳定脱贫。2020 年，筹集 138 万元用于兑付建档立卡贫困人口生态护林员劳务补助及意外伤害保险，其中生态工程管护涉及贫困人口 166 人，草原管护涉及贫困人口 6 人，既保护了生态公益林，又持续增加了贫困群众收入。

落实退耕还林还草补助 24 205 万元。在巩固第一轮退耕还林的基础上，将新一轮退耕还林与脱贫攻坚、生态文明建设等有效衔接起来，充分发挥退耕还林在生态扶贫中的政策优势、资金保障和示范带动作用。积极争取资金 765 万元落实完善退耕还林，争取资金 19 920 万元落实新一轮退耕还林现金补助，争取资金 3 520 万元落实退耕还草现金补助。

落实森林生态效益补偿 3 333 万元。2020 年，市财政筹措资金 272 万元，用于兑付公益林管护费及公益林护林员管护劳务补助；争取资金 3 061 万元，将国家级公益林和自治区级公益林补偿资金及时兑现给林权权利人，实现生态保护和脱贫攻坚工作双赢。

4.5.3　海洋生态补偿

海洋生态补偿制度建设探索不断深入。2020 年 4 月，财政部下发了《关于印发〈海洋生态保护修复资金管理办法〉的通知》（财资环〔2020〕24 号），明确支持鼓励跨区域开展海洋生态保护修复和生态补偿。同时采用因素法分配保护修复资金，财政部会同自然资源部根据党中央、国务院决策部署，结合各省海洋生态保护修复形势、财力状况等，选取确定分配因素。此外，支持"蓝色海湾"整治行动、海岸带保护修复工程。资金的分配因素主要包括红树林和海岸带保护修复任务量、自然情况、保护修复工作成效和项目储备情况，具体分配权重为 50%、20%、20%、10%[①]。2020 年 11 月，在第 42 次双周协商座谈会上，强调要牢固树立"碧海银滩也是金山银山"的理念，坚持生态优先，实施海洋生态环境综合治理，强化主要污染源管理和污染物总量控制，重点防控海洋养殖污染，加强红树林、珊瑚礁、河口、滨

---

① 数据来源：财政部官网。

海湿地等特殊海洋生态系统保护修复，建立健全海洋生态补偿和生态损害赔偿制度。

沿海地方自发积极探索建立海洋生态补偿机制。2020 年 6 月，河北省生态环境厅、河北省自然资源厅、河北省农业农村厅联合印发了《河北省海洋生态补偿管理办法》，明确提出各级政府应保障海洋生态保护和修复的补偿性投入，从事海域开发利用活动的单位或个人按照"谁开发、谁保护，谁破坏、谁补偿"原则，履行海洋生态损害补偿责任。山东省在 2020 年下发了《2020 年全省湾长制工作重点》，明确提出，要研究建立全省海洋生态环境质量生态补偿制度。2020 年 5 月，国控站位监测数据显示，全省近岸海域水质优良比例为 91.2%，其中渤海海域水质优良比例为 75.8%，分别较上年同期提高了 6.2 个百分点和 17.7 个百分点。2020 年 12 月，淄博市发展改革委下发了《关于完善太河水库水源地保护区生态补偿机制的通知》，明确在太河水库大坝以上淄河流域，包括博山区的石马、博山、池上三个镇全境，以及博山区源泉镇、淄川区太河镇、西河镇位于淄河与孝妇河分水岭以东区域范围内，继续实施生态补偿机制。建立市级太河水库水源地保护区生态补偿专项资金，执行期限自 2021 年起，暂定 5 年。同时，淄川、博山两区可以参照市级做法，建立相应的区级专项配套资金。

4.5.4 湿地生态效益补偿

中央财政继续加大湿地生态保护修复支持力度。近年来，中央财政通过林业改革发展资金，支持候鸟迁飞路线上的省区实施湿地生态效益补偿。2020 年，中央财政加大了湿地保护修复投入规模，资金用于支持湿地保护恢复、退耕还湿和湿地生态效益补偿。2020 年 6 月，财政部与国家林草局联合下发了《关于印发〈林业改革发展资金管理办法〉的通知》（财资环〔2020〕36 号），支持湿地生态-效益补偿、湿地保护恢复和退耕还湿等，安排湖南省湿地保护修复补助 0.69 亿元。同时，探索实行"大专项+任务清单"管理方式，将资金切块下达到省，由地方自主确定湿地生态效益补偿范围和湿地保护修复对象。此外，湖南省可统筹安排中央财政湿地保护修复资金和本级财政资金，加大对洞庭湖退耕还湿、湿地生态效益补偿、湿地保护恢复等的支持力度。2019—2020 年，中央预算内投资安排 2.7 亿元支持东洞庭湖、鄱阳湖、洪湖等重要湿地开展湿地保护与恢复、科研监测工程建设、保护管理设施及配套设施设备建设；中央财政资金安排 12.2 亿元支持长江经济带实施一批湿地保护与恢复补助、湿地生态效益补偿补助项目，安排退耕还湿任务共计 15.1 万亩[①]。

地方积极探索建立湿地生态效益补偿机制。从 2020 年起，浙江省财政每年安排资金对浙江省除宁波以外共 70 个、180 多万亩省重要湿地进行生态效益补偿。2020 年 10 月，浙江省林业局、财政厅联合印发《浙江省重要湿地生态保护绩效评价办法（试行）》，在具有省重要湿地的县（市、区）全面开展湿地生态效益补偿工作，进一步加强湿地资源保护，推进浙江省湿地生态效益补偿试点工作。由浙江省级林业、财政共同制定湿地生态保护绩效评价办法，明确湿地生态效益补偿工作要求，属全国首创。2020 年 4 月，在《浙江省人民政府关于实施新一轮绿色发展财政奖补机制的若干意见》中，提出"开展湿地生态效益补偿试点"，明确浙江省财政对生态保护绩效考核达标的浙江省重要湿地，按每亩 30 元的标准进行生态效益补偿。同年，该项工作被列为浙江省政府主要领导联系的重点工作予以强力推进。此

---

① 数据来源：生态环境部官网，关于政协第十三届全国委员会第三次会议第 5068 号提案答复的函（摘要），2020 年 9 月。

外，辽宁省开展湿地生态效益补偿试点。自 2014 年起，国家启动湿地生态效益补偿试点工作，辽宁省以国家级湿地自然保护区为重点，率先在盘锦辽河口湿地保护区等国际重要湿地和国家级重要湿地开展补偿试点。2016—2020 年，辽宁省共筹措湿地生态效益补偿试点资金 1.6 亿元，实施了湿地周边环境整治和湿地生态修复工程，对保护区农民开展补偿，同时提高了民众对湿地保护的参与度。

专栏4-8　地方财政加大湿地保护修复投入

山东省：为充分发挥湿地在涵养水源、净化水质、调节气候等方面的重要作用，2020 年山东省财政安排 1.48 亿元，支持山东省各地提升湿地生态功能。一是安排资金 7 316 万元，支持各市通过污染清理、植被恢复、有害生物防治，加强湿地保护修复，维持湿地生态系统健康。二是安排资金 6 000 万元，对黄河三角洲国家级自然保护区、荣成大天鹅国家级自然保护区给予湿地生态效益补偿，保障湿地可持续发展。三是安排资金 1 500 万元，支持莱芜雪野湖国家湿地公园、滨州秦皇河国家湿地公园等 10 处国家湿地公园功能提升，力争尽快通过国家验收。

天津市：财政局筹集资金 9 000 万元支持湿地保护工作。按照天津市委、市政府工作部署，天津市财政局充分发挥财政职能，积极筹措资金 9 000 万元，支持本市湿地保护工作。一是 2020 年预算安排湿地生态效益补偿资金 8 000 万元，用于支持宁河区七里海、武清区大黄堡等湿地保护区集体土地流转。二是争取中央资金 1 000 万元，用于支持宝坻区潮白河、武清区永定河故道等湿地保护区保护修复。同时，天津市财政局将继续贯彻落实天津市委、市政府决策部署，继续做好资金支持，同时修订完善天津市湿地生态效益补偿资金管理办法，为湿地保护工作提供强有力支撑。

浙江省：2020年10月，浙江省林业局、财政厅联合印发了《浙江省重要湿地生态保护绩效评价办法（试行）》，在具有省重要湿地的县（市、区）全面开展湿地生态效益补偿工作。各地需每年先开展自评，浙江省林业、财政在各地自评基础上再进行核查与结果审定。对评价结果达到要求的地方，绩效达到80分以上，并且没有发生保护不力和违规事件，省重要湿地所在县（市、区）政府可获得每亩30元的补偿。浙江省财政按每亩30元的标准兑现湿地生态效益补偿资金，并纳入当年度省与市、县财政年终结算。试行期为2020—2022年，在试行过程中，浙江省林业、财政部门将视情况对办法作适当完善和调整。开展湿地生态效益补偿，是浙江省积极贯彻新发展理念的具体举措，也是进一步促进各地湿地资源保护工作的政策导向。

4.5.5　矿产资源补偿

推动建立矿产资源合理补偿制度。根据中共中央办公厅、国务院办公厅印发的《关于统筹推进自然资源资产产权制度改革的指导意见》，提出建立健全依法建设占用各类自然生态空间和压覆矿产的占用补偿制度，严格占用条件，提高补偿标准。

专栏 4-9　各地推进矿山环境治理恢复基金管理

广东省：2020 年 8 月，广东省印发了《广东省自然资源厅矿山地质环境治理恢复基金管理暂行办法》（粤自然资规字〔2020〕6 号），通过建立基金的方式，筹集治理恢复资金，规范矿山地质环境治理恢复基金的提计、使用和监管。明确了矿山企业应当在银行开设专用存款账户作为基金账户，还明确了需报送的主管部门、账户设立时限。基金总额核算依据经审查通过的"方案"中矿山地质环境治理恢复与土地复垦费用确定，具体以实际所需费用差额进行补足。还明确了不同矿山类型、状况下各自计提方式等内容。

安徽省：2020 年 8 月，安徽省自然资源厅、财政厅、生态环境厅联合印发了《安徽省矿山地质环境治理恢复基金管理实施细则（试行）》（以下简称《细则》），旨在进一步完善矿山地质环境治理恢复基金制度，提升矿山整体环境水平，推进绿色矿山创建，促进生态文明建设和可持续发展。《细则》指出，基金管理遵循矿山企业"单独存储、自主使用、政府监管、专款专用"的原则，专项用于矿山生态保护与修复和土地复垦。基金计入生产成本。矿山企业须在其银行账户中设立基金账户，设置基金科目，单独反映基金计提和使用情况。

云南省：为规范矿山地质环境治理恢复基金提取、使用和监管，助力云南省绿色发展，2020 年，省财政厅联合省自然资源厅印发《云南省矿山地质环境治理恢复基金管理暂行办法》，对矿山地质环境治理恢复基金适用范围、计提方法、管理原则等方面进行了明确。一是明确适用范围。云南省行政区域范围内，按照《矿山地质环境保护和土地复垦方案》（以下简称《方案》）规定有地质环境治理恢复责任的矿山企业。

　　二是明确计提方法。根据《方案》预计弃置费用，按照企业会计准则等规定计提，设立账户，单独反映，专项用于矿山地质环境治理恢复的资金（不包括土地复垦费）。每年 12 月 31 日前完成本年度计提基金工作。三是明确管理原则。按照"企业所有、满足需求、自主使用、强化绩效、动态监管"的原则，以矿山地质环境治理恢复结果为导向，由企业自主合理使用。当基金不能满足矿山地质环境治理恢复工作时，由矿山企业按实际需要投入治理费用。四是明确基金的使用范围。主要用于因矿山开采活动造成的矿区地面塌陷、地裂缝、崩塌、滑坡、泥石流、地形地貌景观破坏、地下含水层破坏、地表植被损毁的预防和修复治理以及矿山地质环境监测等方面。五是明确矿山企业主要责任。依据相关规定编制《方案》，按采矿权发证权限，报有审批权限的自然资源主管部门备案；依据通过备案的《方案》，如实、及时计提基金；根据监管要求，如实提供基金计提、使用情况相关材料；次年 1 月前将上年基金的存储、使用和开展矿山地质环境治理监测及本年度治理任务等情况，报矿山所在地自然资源主管部门。六是明确履责不到位的处理。矿山企业对矿山地质环境保护与治理恢复责任履行不到位的，分类分情况予以处理。违反有关规定的，依法追究法律责任。

　　福建省：为规范矿山地质环境治理恢复与土地复垦费用管理，2020年 3 月，福建省财政厅、自然资源厅、生态环境厅联合印发《福建省矿山地质环境治理恢复基金管理办法（试行）》，对基金的计提、使用和监管进行了明确。基金由矿山企业设立并自主使用，主要用于因矿产资源勘查开采活动造成的矿区地面塌陷、地裂缝、崩塌、滑坡、地形地貌景观破坏、地下含水层破坏、地表植被损毁的预防和修复治理、矿山地质环境监测以及土地复垦等。基金实行一次核定、分年计提、逐年摊销。

　　矿山企业应根据审查批准的《矿山地质环境治理恢复与土地复垦方案》，将矿山地质环境治理恢复费用，按照企业会计准则相关规定预计弃置费用，计入相关资产的入账成本，按照预计开采年限分年度提取、摊销，并将摊销金额计入生产成本。基金的摊销数等于提取数。矿山企业应当按规定将方案执行情况、基金计提与使用情况列入矿业权人勘查开采信息公示系统，及时向社会公示。对拒不履行矿山地质环境治理恢复与土地复垦义务的矿山企业，由县级以上自然资源主管部门将其违法违规信用记录纳入全国信用信息共享平台。

4.5.6　环境空气质量生态补偿

　　多地探索深化环境空气质量生态补偿。多地积极推进实施环境空气质量生态补偿。按照"将生态环境质量逐年改善作为区域发展"的约束性要求和"谁改善、谁受益，谁污染、谁付费"的原则，建立考核奖惩和生态补偿机制。2020 年 4 月 30 日，芜湖市人民政府办公室印发了《芜湖市环境空气质量生态补偿暂行办法》（芜政办〔2020〕1 号），强化环境空气质量目标管理，落实环境空气质量生态补偿机制，督促地方政府履行空气质量改善的主体责任，坚决打赢蓝天保卫战。2020 年 9 月，在2020 年环境污染防治攻坚战第 14 次调度会上，郑州市政府办公厅制定的《郑州市环境空气质量生态补偿办法（试行）》正式印发，明确实施环境空气质量生态补偿，加大污染防治力度，推进全市大气环境质量持续改善。根据该办法，自 2020 年 10 月 1 日起，将依据"谁污染、谁付费，谁损害、谁补偿"的原则实施生态补偿。

专栏 4-10　郑州市环境空气质量生态补偿办法（试行）

郑州市政府办公厅制定的《郑州市环境空气质量生态补偿办法（试行）》正式印发。

环境空气质量生态补偿包含 $PM_{2.5}$、PM_{10} 月均浓度和 $PM_{2.5}$、PM_{10} 月均浓度同比改善率 4 项因子，办法适用于各开发区、县（市、区）环境空气质量的生态补偿。生态补偿资金按月度核算兑现。以郑州市 $PM_{2.5}$、PM_{10} 月均浓度市均值和 $PM_{2.5}$、PM_{10} 月均浓度同比改善率市均值作为考核基数，按阶梯标准计算。

1. $PM_{2.5}$ 月均浓度生态补偿标准：当月 $PM_{2.5}$ 浓度高于考核基数 0～5 μg（含）的，按 10 万元/μg 实施扣款；高于 5 μg 以上的部分，按 20 万元/μg 实施扣款。

2. $PM_{2.5}$ 浓度同比改善率生态补偿标准：当月 $PM_{2.5}$ 浓度同比改善率低于考核基数 0～3.0 个百分点（含）的，按 15 万元/百分点实施扣款；超过 3.0 个百分点的部分，按 35 万元/百分点实施扣款。

3. PM_{10} 月均浓度生态补偿标准：当月 PM_{10} 浓度高于考核基数 0～5μg（含）的，按 5 万元/μg 实施扣款；高于 5μg 以上的部分，按 10 万元/μg 实施扣款。

4. PM_{10} 浓度同比改善率生态补偿标准：当月 PM_{10} 浓度同比改善率低于考核基数 0～3.0 个百分点（含）的，按 10 万元/百分点实施扣款；超过 3.0 个百分点的部分，按 20 万元/百分点实施扣款。

环境空气质量生态补偿扣收结余资金由市财政统筹用于大气污染防治工作，市财政局、市攻坚办对资金使用进行监督管理。

4.6 小结

4.6.1 生态补偿进展

　　国家及地方深入探索生态补偿机制。国家将受全国性国土空间用途管制影响而实施的生态补偿，确认为中央与地方共同财政事权，由中央与地方共同承担支出责任；同时提出探索完善异地开发生态保护补偿机制和政府主导、企业和社会各界参与、市场化运作、可持续的生态产品价值实现路径。多地出台了相关政策，以探索建立多元化生态保护补偿机制。我国分别在安徽省、福建省、江西省、海南省、四川省、贵州省、云南省、西藏自治区、甘肃省、青海省确定了生态综合补偿试点县，强调扎实做好试点组织工作，充分认识开展生态综合补偿工作的重要意义，加强督促指导，做好组织协调，确保试点工作稳妥有序推进。

　　国家重点生态功能区财政转移支付制度稳步推进。2020 年，中央财政下达重点生态功能区转移支付 794.50 亿元，基层政府财政部门要将转移支付资金用于保护生态环境和改善民生，加强资金使用管理，提高转移支付资金使用效益。按照相关规定，纳入国家重点生态功能区的地区要强化生态保护和修复，合理调控工业化、城镇化开发内容和边界，保持并提高生态产品供给能力。

　　推进完善各生态系统要素生态补偿机制。《长江保护法》明确提出国家建立长江流域生态保护补偿制度。2020 年，中央财政环保专项资金为沿黄九省区安排 234.3 亿元，重点支持大气、水、土壤等污染防治和农村环境整治，安排 10 亿元生态补偿资金，引导黄河流域建立全流域生态补偿机制。草原生态保护补助奖励共分禁牧补助、草畜平衡奖励和绩效考核奖励 3 部分，2020 年累计金额高达 187.6 亿元。中央财政预算安排林业草原生态保护恢复资金，主要用于天然林资源保护工程社会保险、政策性社会性支出、国家公园等方面，2020 年中央财政共计发放 52.74 亿元林业草原生态保护恢复资金。国家明确支持和鼓励跨区域开展海洋生态保护修复和生态补偿，同时，沿海地方自发积极探索建立海洋生态补偿机制。中央财政加大湿地保护修复投入规模，资金用于支持湿地保护恢复、退耕还湿和湿地生态效益补偿。国家继续推动实施建立矿产资源合理补偿制度，提出建立健全依法建设占用各类自然生态空间和压覆矿产的占用补偿制度，严格占用条件，提高补偿标准。山东、安徽等多地积极推进实施环境空气质量生态补偿。

4.6.2 存在的问题

生态补偿制度存在的问题：一是法律保障不足。我国现有生态环境立法比较零散、不全面、适用性不强，缺乏专门立法，立法保障不够。建立全面的生态补偿机制在生态产权和生态价值的确定方面也面临着管理体制、法律制度等多方面的困难。二是资金渠道不畅。目前，生态补偿资金主要依赖政府补贴的"外部输血"补偿方式，缺乏基于市场的、有效的生态补偿措施，不能有效调动当地生态保护和绿色发展的积极性，缺乏生态保护的内在驱动力。三是补偿标准偏低。利益相关地区对各自发展权益、生态环境保护责任以及生态产品和服务价值的认识角度不同，区域之间的环境账、经济账难以核算。补偿难以覆盖受偿方因保护生态环境而承担的机会成本，更难以反映相应保护活动所能产生的生态系统服务价值。四是补偿方式缺乏多元化。我国目前市场化、多元化补偿机制尚未完全确立。政府推动和调节生态补偿的手段较为单一，各级政府和部门推动生态保护补偿以财政转移支付、相关专项资金奖励为主要形式，产业扶持、技术援助不够，优惠贷款等支持政策配套不足。

国家重点生态功能区转移支付存在以下问题：一是资金导向性不明确。作为一般性转移支付，国家重点生态功能区转移支付资金的导向性不明确，部分市县用于生态环境保护和监管方面的比例较低。二是转移支付标准测算问题。现有转移支付资金测算中，主要考虑了社会因素（人口、居住条件等）和区位因素（温度、海拔等），并未将实地环境质量、经济发展模式及生态破坏与环境污染源等因素考虑在内，不同生态环境质量的县域，因生态破坏和环境污染程度不同，所需的资金数额就不同。三是转移支付资金缺乏激励机制。现有制度对转移支付资金的调节只是综合了支付补偿数与奖惩补助数，缺乏梯级式的奖励和惩罚机制，从而导致资金运用的不到位以及生态环境治理的不彻底。

重点领域生态补偿存在以下问题。一是流域生态补偿。横向生态补偿机制建设路径不顺畅。生态补偿机制缺乏细化标准和规则，上下游之间的环境账、经济账难以核算。流域横向补偿资金不足，国家扶持的生态补偿资金和转移支付资金主要用于生态工程建设且补偿金额不高，地方政府缺乏配套资金缩减规模，流域生态保护建设投入的横向补偿资金不足。二是森林生态补偿。补偿标准偏低，"输血"型补偿方式无法给受偿对象提供发展机会、发展技能，缺少更持久的"授人以渔""造血"式补偿。三是湿地生态补偿。部门间协作机制尚不健全，部分湿地权属不清晰。四是矿产资源生态补偿。矿产资源补偿费缺乏生态补偿性质，没有实现资源耗竭补偿的初衷，也没有体现环境成本。五是空气质量生态补偿。生态补偿标准缺乏合理性与公平性，补偿仅限于政府间财政转移支付。

4.6.3 发展方向

健全生态补偿制度。一是加快生态补偿立法进程。协调现有法律之间的冲突，发挥整合优势，对生态补偿的基本原则、类型与种类、补偿方式、经费来源、基本标准、法律责任、基本程序和法律责任等进行了规定。各相关单行法和部门法在修编过程中，应适时调整和纳入新的有关生态补偿的规定。二是探索多元化、市场化补偿机制。健全资源开发补偿、污染物减排补偿、水资源节约补偿、碳排放权抵消补偿制度，合理界定和配置生态环境权利，健全交易平台，引导生态受益者对生态保护者进行补偿。三是强化生态补偿技术支撑。研究制定生态补偿技术指南，提出开展生态补偿的工作程序、技术要求和方法，引导规范地方生态补偿实践。

完善健全国家重点生态功能区转移支付。一是增加转移支付资金额度和资金使用的导向性。明确资金用于生态环境保护和建设相关工作的比例及相关部门的资金分配，明确用于生态环境保护和建设领域的比例。二是完善转移支付标准核算方法。考虑影响该地区生态功能保护与恢复的各种因素，进行生态破坏和环境污染的源解析。

健全完善重点领域生态补偿机制。分析新安江流域生态补偿带来的生态效益、经济效益及社会效益，以及制度存在的主要问题，为其他流域建立横向生态补偿制度提供经验。研究建立黄河等重点流域生态补偿基金，通过政策激励和引导吸引社会出资方，包括大型商业银行、产业投资基金等金融机构参与生态环境保护。研究建立滩区生态移民和农田休耕补偿机制。加强流域横向生态补偿标准研究。合理设计空气质量生态补偿标准，补偿标准的制定应当加入对地区空气质量现状以及国家标准的考量。在对微观主体进行空气质量生态补偿金的收缴与发放时，应综合各地的经济发展水平、财政收入水平、空气质量水平等因素，制定一个科学合理的、能够满足损失收益的、具有足够激励作用的具体额度。最后，要拓宽空气质量生态补偿资金来源。可以设立空气质量生态补偿专项基金，将通过所有方式获得的空气质量生态补偿资金纳入其中。

5

环境权益交易政策

我国环境权益交易制度改革持续推进，环境权益交易政策体系不断完善。2020 年，全面开展自然资源资产产权制度改革及负债表编制工作，排污权有偿使用和交易试点工作取得了积极进展，试点碳市场也在逐步壮大，同时持续创新水权交易模式，用能权交易试点范围也在逐步扩大。但是我国仍存在自然资源产权相关法律法规、相应市场机制设计以及排污权交易体系不健全，碳市场活力不足，水权改革缺乏系统顶层设计等问题。需要加快建立合理的自然资源产权定价机制，推进自然资源的确权登记，并从国家层面规范统一排污权交易制度。加快完善全国碳市场制度体系，建立统一的职责明确的管理体系，加强总体规划，提高改革的科学性。

5.1 自然资源资产产权

自然资源资产产权制度改革向纵深推进。中共中央办公厅、国务院办公厅自印发了《关于统筹推进自然资源资产产权制度改革的指导意见》以来，我国自然资源资产产权制度改革全面推开，自然资源统一确权登记等难题陆续攻克。河北、山西、山东、湖南、安徽、四川、广东、江西、宁夏、内蒙古等多个省（自治区）陆续出台推进自然资源资产产权制度改革的实施意见，青岛、大同等多个城市出台相关实施方案，结合地方实际情况，进一步细化落实自然资源资产产权制度改革的具体举措。目前，我国自然资源产权交易制度主要体现在土地资源、水资源、森林资源及矿产资源等交易市场上，尤其以土地资源产权交易市场最为完善。在土地资源产权交易方面，农村土地"三权"分置，农户承包土地经营权、集体林地经营权是农村产权交易改革的重点，推进了土地资源产权交易制度发展。尽管部分种类的一级出让市场已建立，但水资源、森林资源、矿产资源等自然资源产权交易制度仍待完善，特别是自然湿地资源等自然资源产权交易制度仍有待依法建立与完善。

自然资源资产负债表编制工作进入试填阶段。2020 年 3 月起，自然资源部在 12 个省（区）的 31 个县级单元开展了全民所有自然资源资产负债表试填工作，进一步验证全民所有自然资源资产负债表的报表体系合理性、技术方法可行性和编制成果有用性，将自然资源产权改革工作进一步落实。试填工作计划于 5 月完成，分为数据资料收集、负债表编制、工作总结 3 个阶段。每个试填省（区）按要求收集 2 个县级行政单元 2017 年和 2018 年的土地、矿产、森林、草原、湿地、水、海洋共 7 类自然资源资产数据，并编制相关报表。根据试填工作对相关报表体系框架和技术规范进行修改完善。

浙江省自然资源资产清查试点取得突破。2019 年 12 月，浙江省自然资源厅印发了《关于组织开展全民所有自然资源资产清查试点工作的通知》，选取包括杭州市淳安县在内的 12 个县（市、区）作为试点地区，开展全民所有自然资源资产清查工作。2020 年 9 月底，淳安县试点工作成果顺利通过省级专家组评审验收。试点工作主要利用遥感影像技术，

并结合实地踏勘，补充完善相关资产数据。通过分析统计软件，完成试点地区全民所有土地、矿产、森林、水、湿地资源资产实物量数据提取整理，建设资产清查数据库，形成全民所有自然资源资产清查"一张图"。在全省率先开展自然资源资产经济价值核算，初步形成自然资源资产经济价值总量。总结国内外生态系统价值核算指标，探索建立生态系统服务价值核算的方法模型。开发建设了自然资源资产统计信息管理平台，实现自然资源资产数据提交汇聚、动态管理等功能，提高了全民所有自然资源资产管理工作效率。

宁夏加快构建自然资源资产所有者权益管理体系。自 2019 年以来，宁夏统筹推进全民所有自然资源资产清查试点、国有土地资源资产核算试点和全民所有自然资源资产负债表试填试点工作，全力推进自然资源产权改革。开展了全民所有自然资源资产权益制度探索、自然资源资产保护和使用规划、自然资源资产考核监督、自然资源资产特许经营权制度、自然资源生态补偿制度等多项理论和实践应用研究，建立了宁夏全民所有自然资源资产清查技术标准体系，补充完善了国有土地资源资产价值核算方法，探索制定了自然资源资产负债表体系，规范了国有自然资源资产报告编制方法，夯实了自然资源综合统计基础。同时，以试点经验和研究成果为基础，加快构建以"清查统计、评估核算、委托代理、资产规划使用、资产配置、收益管理、考核监督、资产报告" 8 项制度组成的自然资源所有者权益管理制度体系，开展自然资源资产委托代理机制、自然资源损害赔偿、国有自然资源配置等多项政策研究，拟定了《宁夏回族自治区自然资源资产考核评价和损害责任追究管理办法》等 6 项制度，制定了《全民所有自然资源资产清查技术规程》等 4 个技术规范和标准体系，为推动宁夏自然资源资产产权制度改革提供了基础支撑。

江西省积极探索自然资源资产产权管理新模式。2020 年 4 月,江西省出台了《关于统筹推进全省自然资源资产产权制度改革的实施意见》,以实现自然资源整体保护,促进自然资源资产集约开发利用,推动自然生态综合治理体系的形成为改革目标,明确了改革的 9 项任务,包括高质量实施自然资源统一调查监测评价,2023 年实现全省自然资源统一确权登记全覆盖,摸清全省自然资源权属情况等。针对农村集体土地改革问题,提出资源变资产、资产变资本的措施。有序推进农村集体所有自然资源资产所有权确权登记,依法落实集体经济组织特别法人地位,积极推进承包土地所有权、承包权、经营权"三权"分置和宅基地所有权、资格权、使用权"三权"分置,盘活利用宅基地,集约利用承包地,有力提升集体土地的资产价值。

5.2 排污权交易进展

排污权交易制度是生态文明制度建设的重要内容。自 2014 年国务院办公厅印发《关于进一步推进排污权有偿使用和交易试点工作的指导意见》以来,在财政部、生态环境部、国家发展改革委的积极推动、指导下,共有 28 个省(区、市)尝试开展了排污权有偿使用和交易试点,试点工作取得了积极进展。试点省份基本成立了排污权交易管理机构,浙江、山西、陕西、湖北、湖南、贵州、天津、河北、广东、福建、重庆、四川等省(区、市)建立了排污权交易平台,为排污权交易长效推进提供了良好的基础条件。2020 年,各地持续开展排污权交易。浙江省 2020 年共计完成排污权交易为 9 755.05 t,累计实现交易额为 28 289.69 万元。四项主要污染物成交量中,氮氧化物最高,占比 52%;二氧化硫其次,占比 24%;COD 占比 22%;氨氮占比 2%。

各地因地制宜创新排污权交易模式。福建省排污权交易于 2016 年

在全行业推开，由企业自行组织第三方完成初始排污权的核定，排污权有效期与排污许可证均为 5 年。交易价格通过市场竞价确定，首次起拍价基于环境成本恢复法来确定。佛山市于 2017 年正式实施排污权有偿使用和交易工作，涵盖全市 2 000 余家企业，交易因子涉及四项主要污染物。顺德区单独将挥发性有机物（VOCs）作为试点，排污指标核定采用定额达标法。湖南省排污权交易通过竞价、拍卖、协商三种方式获得，交易因子除四项主要污染物外，考虑到重金属污染问题，将铅、镉、砷三种污染因子列入其中。山西省出台了近 20 份政策性指导文件，制定了较完善的政策框架体系，采用全省统一的交易平台，设立全省唯一的交易机构，确定可交易的污染物。

探索推进排污权交易二级市场。排污权交易二级市场即企业间通过协议转让、挂牌竞价等方式进行公平交易而形成的市场，是强化污染物排放控制的有力市场化手段。2020 年 9 月，陕西省启动排污权交易二级市场。2021 年年初，陕西省进一步优化了排污权交易的规则和核算方式，并于 7 月在全国率先实现固定污染源排污许可全覆盖，为排污权二级市场交易工作奠定了坚实基础。目前，共有 39 家企业通过二级市场获得排污权，二氧化硫、氮氧化物两项排污权指标总成交量1 746.81 t，成交额为 1 673.84 万元，深化了市场化手段在污染物减排中的作用。2020 年 10 月，湖北省襄阳市启动排污权二级市场交易试点，首批纳入试点的企业共有 80 家，集中在火电、钢铁、水泥、造纸、化工、20 蒸吨/h 以上燃煤锅炉等重点行业，其排放量约占襄阳全市工业源二氧化硫排放量的 61%、氮氧化物排放量的 96%。首场排污权交易在武汉光谷联合交易所线上举办，完成 6.1 t 涉气排污指标的拍卖，交易额为 21 多万元。

地方深入探索排污权抵押贷款。山西省自 2011 年开始，不断探索排污权抵押贷款工作，出台了《山西省主要污染物排污权交易实施细则（试行）》《山西省排污权抵押贷款暂行规定》《山西省排污权有偿取得和交易办法》等系列政策，为排污权交易奠定了完善的制度基础。2020年年初，山西漳电同华发电有限公司完成了全省首笔排污权抵押贷款业务，将企业 400 t 二氧化硫、750 t 氮氧化物作为抵押，向兴业银行股份有限公司太原分行贷款 2 000 万元，贷款额度为排污权估值的 70%，融资期限 1 年，利率按 1 年期国家法定利率执行，贷款主要用于企业减少污染物排放的技改活动。

5.3 碳排放权交易进展

试点碳市场逐步壮大。全国共有北京市、天津市、上海市、湖北省、广东省、深圳市和重庆市 7 个碳排放权交易试点市场。为碳交易机制运行进行了地方探索，在交易机制设置、配额分配方法、CCER 抵消机制等方面积累了大量的地方经验，为全国碳市场建设提供了宝贵的实践经验。从 2013 年年初到 2020 年年底，碳市场配额现货累计成交 4.45 亿 t，成交额为 104.31 亿元。试点碳市场共覆盖电力、钢铁、水泥等 20 余个行业、近 3 000 家重点排放单位。2020 年，试点碳市场年成交额为 21.5 亿元，较 2019 年增长了 3%，碳交易年平均成交价格为 28.6 元/t。尤其是 CCER 市场在 2020 年交易活跃，累计成交 2.68 亿 t。

其中，北京碳市场自 2013 年正式启动到 2020 年年底，共有 843 家重点碳排放单位被纳入其中，覆盖了电力、热力、航空等 8 个行业，参与履约的重点碳排放单位 100%实现履约，配额累计成交量 4 143 万 t，成交额为 17.4 亿元；2020 年全年实现试点碳市场配额成交 470 万 t，交易额为 2.45 亿元；且线上成交均价为 62 元/t，在 7 个试点省市碳市场中最高。2020 年全年广东省碳排放配额累计成交量 1.69 亿 t，累计成交金

额为 34.89 亿元，占全国碳交易试点的 38%，位居全国第一。通过采用碳市场中灵活的市场机制，广东逐步将占全省碳排放近 70% 的钢铁、石化、电力、水泥、航空、造纸共 6 大行业约 250 家控排企业纳入碳市场范围，覆盖全省约 70% 的能源排放量，超额完成国家碳强度下降的约束性指标，10 年累计下降超 44%。

全国碳排放权交易市场即将启动。2021 年 1 月，生态环境部印发了《碳排放权交易管理办法（试行）》，确定了碳排放配额总量和分配方案以及温室气体重点排放单位名单，标志着全国碳排放权交易体系正式投入运行。全国碳市场首个履约周期于 2021 年 1 月 1 日正式启动，管理办法将于 2 月 1 日起实施，全国 2 225 家温室气体重点排放单位将被划定碳排放配额。管理办法规定了各级生态环境主管部门和市场参与主体的责任、权利和义务，以及全国碳市场运行的关键环节和工作要求，有利于完善全国碳市场的基本制度框架，规范全国碳排放权交易及相关活动。配额分配方案明确了纳入配额管理的发电行业重点排放单位名单，首次从国家层面将温室气体排放控制责任压实到企业，对促进绿色低碳发展具有重大意义。此次划定排放配额的企业是年排放量达到 2.6 万 t 二氧化碳当量的发电企业，通过行业基准法开展配额分配。碳排放配额分配以免费分配为主，由生态环境部制定碳排放配额总量的确定与分配方案，省级生态环境主管部门根据生态环境部制定的碳排放配额总量的确定与分配方案，向本行政区域内的重点排放单位分配规定年度的碳排放配额。全国碳排放权交易体系正式投入运行后，试点地区现有发电企业将直接划入全国碳排放权交易体系，进行统一管理，但部分试点地区包含了除全国碳排放权交易体系规定的 8 大行业之外的行业，如公共建筑和服务业，且部分试点地区对于纳入企业排放量标准的规定低于全国碳排放权交易体系，短时间内不会被纳入全国碳排放权交易体系的管控范畴。目前，生态环境部正在抓紧启动编制 2030 年前二氧化碳排放达峰的行动方案。下一步，生态环境部将加快推进全国碳排放权注册登记系统和交易系统建设，逐步扩大市场覆盖行业范围，丰富交易品种和交易方式，有效发挥市场机制在控制温室气体排放、促进绿色低碳技术创新、引导气候投融资等方面的重要作用。

碳排放核算地方标准取得突破。2020 年 12 月，北京市正式发布《二氧化碳排放核算和报告要求 电力生产业》（DB11/T 1781—2020）、《二氧化碳排放核算和报告要求 水泥制造业》（DB11/T 1782—2020）、《二氧化碳排放核算和报告要求 石油化工生产业》（DB11/T 1783—2020）、《二氧化碳排放核算和报告要求 热力生产和供应业》（DB11/T 1784—2020）、《二氧化碳排放核算和报告要求 服务业》（DB11/T 1785—2020）、《二氧化碳排放核算和报告要求 道路运输业》（DB11/T 1786—2020）、《二氧化碳排放核算和报告要求 其他行业》（DB11/T 1787—2020）7 个行业核算指南。结合北京市产业结构特点，首次以标准方式明确了上述 7 个行业二氧化碳排放核算报告的范围、核算步骤与方法、数据质量管理、报告要求等。提出具有可操作性的、统一的、标准化的要求和数据收集与监测方法，有助于企事业单位按照统一标准进行碳排放量核算和报告，保证核算方法的规范与透明，引导各单位建立碳排放核算、报告、监测的制度体系，为北京市碳排放权交易市场工作提供了有力支撑，可进一步规范碳市场的管理工作，实现更加高效、规范、精细化的碳市场管理，降低投入成本。

多地启动二氧化碳排放达峰行动方案编制。四川省、江西省、安徽省等多地启动了省级二氧化碳排放达峰行动方案编制工作，并将碳达峰纳入地方"十四五"规划当中。四川省提出，将面向"十四五"科学编制二氧化碳排放达峰行动方案，因地制宜确定梯次达峰时序、达峰水平和达峰路径,力争多数城市于 2029 年及之前达峰。广东"十四五"规划明确,制定实施碳排放达峰行动方案,推动碳排放率先达峰。江苏省将在政府层面成立碳达峰专办,优化碳排放统计和考核指标体系,加大省级财政支持力度。截至目前,北京、天津、山西、山东、海南等多个省(市)都提出了明确的碳排放达峰目标。

5.4 水权交易

2019 年,全国 7 个地区水权改革试点基本完成,初步建立水权确权、交易、监管等制度体系。2020 年,各地不断完善相关政策制度,加强技术能力建设,持续创新水权交易模式,形成流域间、流域上下游之间、区域间、行业间和用水户间等多种水权交易模式。

水权交易平台建设成果显著。自 2016 年起,水利部和北京市政府联合发起组建中国水权交易所以来,各地陆续开展了水权交易平台建设,目前已成立了 9 家省级水权交易平台,包括内蒙古自治区水权收储转让中心、河南省水权收储转让中心,山东水发水资源管理服务有限公司、广东省环境权益交易所、宁夏回族自治区公共资源交易平台等,部分市、县和灌区也结合自身需求建立了水权交易平台。

湖南省长沙市探索城市雨水水权交易。2020 年 12 月,湖南省长沙市高新区雨水资源使用权交易在水交所平台顺利完成。长沙市结合海绵城市建设利用雨水资源,开创了雨水资源集约化利用及生态价值市场化实现的新模式。湖南雨创环保工程有限公司以 0.7 元/m³ 的价格对湖南高新物业有限公司集蓄的 4 000 m³/a 的雨水资源进行收储,再以 3.85 元/m³(低于当地自来水价 20%)的价格转让给长沙高新区市政园林环卫有限公司,用于园林绿化、环卫清扫作业用水,替代优质自来水。

一些地方推进地下水水权交易。江苏省宿迁市积极推进地下水水权交易改革，完善地下水资源取用制度，利用国家级水权交易平台开展水权交易试点工作，于 2020 年 12 月出台了《宿迁市关于加快推进地下水水权交易改革试点工作实施方案》，将洋河新区纳入江苏省首批水权改革试点。将地下水回补理念贯穿水权交易改革试点始终，通过政府回购水权的方式保障企业及生态用水。创新了企业间地下水取水权交易模式，因地制宜组织开展交易试点，以水资源公司为主体开展收储转让。2020 年 12 月，顺利举办全国首例地下水取水权交易签约仪式，对推进全国水市场培育发展具有重大意义。南京创新地下水水权交易模式，调节水量配置和使用，使其达到均衡。位于江宁地区的南京汤山地热开发有限公司建设初期，取水许可核准 36 万 m³/a 的温泉水用量，实际温泉水用量达 60 万 m³/a，缺口达 24 万 m³/a。为破解该片区多家取水户取水量与许可水量不匹配问题，2020 年，汤山温泉资源管理有限公司与南京汤山旅游发展有限公司、南京大生现代农业控股有限公司、南京工业技术学校等 7 家单位正式签订水权交易合同，通过水权交易使原来的用水需求得到满足，从而解决了区域水量配置和使用不均衡的问题，促进了水资源的优化配置。

5.5 用能权交易

用能权交易试点范围逐步扩大。浙江省将单位工业增加值能耗高于 0.6 t 标准煤/万元的新增用能量、一定比例区域年新增用能指标、规模以上企业通过淘汰落后产能和压减过剩产能腾出的用能空间、企业通过节能技术改造等产生的节能量纳入试点范围，探索建立了以增量带动存量的模式，明确了购买方为能耗高的新增用能项目。其他试点省份多将部分重点用能行业内达到一定用能规模门槛的企业纳入试点的范围，包括

存量和增量企业。其中，河南省选择郑州市、平顶山市、鹤壁市、济源市4个试点市，将有色金属、化工、钢铁、建材等重点行业年耗能5 000 t标准煤以上的用能企业纳入试点范围。2020年，根据试点实施效果，逐步将试点范围扩展到全省年耗能5 000 t标准煤以上的用能单位。福建省在2015年对水泥、火电行业40家重点企业进行了节能量交易，2017年率先在水泥和火电两个行业（共计88家）开展用能权交易试点。2018年，福建省逐步扩大试点范围，将合成氨、玻璃、铁合金、原油加工、钢铁、铜冶炼、电解铝等行业的44家重点企业纳入试点，纳入试点企业的能源消费总量占全省规模以上工业能源消费量的64%。2018年12月，福建省用能权交易试点正式启动。四川省用能权有偿使用和交易，确定了将钢铁、水泥、造纸三个行业首批纳入其中，2019年公布了110家第一批纳入用能权交易的重点用能单位名单，并进行了用能权指标预分配。2019年9月，四川省用能权交易正式开市。2020年，四川省进一步扩大用能权交易范围，公布了76家第二批纳入用能权交易的重点用能单位名单，包括白酒、建筑陶瓷、合成氨三个新增行业的62家重点用能单位，以及补充首批钢铁、水泥、造纸三个行业的14家重点用能单位。

形成具有地方特色的用能权交易模式。除浙江省以外，其他试点地区由交易主管部门首先明确用能权指标的总量设定和分配方法。浙江省用能权市场交易分3个阶段进行：2019年，以增量交易为主；2020年，存量与增量交易并存；2020年年底，设立租赁市场。各试点地区在具体的配额总量构成、分配方法、交易主体和履约机制等方面都有所差异，具体见表5-1。

表 5-1 各试点地区用能权交易模式

试点地区	用能权确权	用能权分配	交易主体	履约机制
浙江	按照全省统一的初始用能权确权技术规范对试点企业新增能耗指标、淘汰落后产能和压减过剩产能腾出的能耗指标、新增用能量指标进行确权。新增用能自产自用的可再生能源，经第三方核定后可抵扣新增用能能指标。淘汰落后产能和压减过剩产能的规模以上企业用能指标。在不高于有关部门核定的用能指标前提下，通过近3年统计部门公布的企业实际用能量等方式确定。通过节能技术改造用能权指标等方式产生的节能量，采用第三方机构审核等方式确定	单位工业增加值能耗高于0.6 t标准煤/万元的新增用能量，均需通过用能权交易有偿获得用能权指标，不涉及用能权指标的免费分配	以企业与政府交易为主	新增用能企业原则上在交易后1个月内履行费用支付和指标划转等义务
河南	由主管部门综合确定用能权配额总量，配额总量由实发配额总量和预留配额两部分组成。实发配额采用历史总量法或产量基准线分配的方法，对稳定运行一年以上的重点用能单位分配配额，预留配额是用于新增产能和市场调节的配额	实行免费分配和有偿分配相结合的方式，试点初期以免费为主	用能单位	用能单位每年在一定时间内足额缴纳与用能权交易主管部门审定的上一年度用能量等额的用能权指标，履行清缴义务

试点地区	用能权确权	用能权分配	交易主体	履约机制
福建	针对不同行业分采用总量控制和非总量控制的方法进行指标总量和分配用能权指标设定，包括产能和新增产能。产能指标的分配，对于产品单一、单位产品能源消费量横向可比的行业，优先使用行业基准法分配用能权指标；对于产品和生产工艺流程较为复杂的行业，基于企业历史能源消费总量分配用能权指标。新增产能指标的分配，在采用历史法和基础法的基础上，综合考虑固定资产投资项目节能审查意见中的设计产能以及行业实际平均产能利用率分配用能权指标。实施总量控制的主要是水泥等市场化程度高、新增产能较少的行业，对于电力等暂不具备总量控制条件的行业，基于纳入企业履约年度实际产量分配用能权指标	实行免费分配和有偿分配相结合的方式，试点初期以免费为主	用能单位	用能单位每年在一定时间内足额缴纳与用能权交易主管部门审定的上一年度用能量等额的用能权指标，履行清缴义务
四川	在试点阶段，采用基准值法和历史强度下降法进行用能权确权。以我国106项产品单位产品能源消耗限额标准与行业"能效领跑者"的能耗指标为基础，结合能源消费量核查结果，研究制定相关行业的单位产品能耗基准值。对于产品产量和单位产品能耗基准值确定每年用能权指标，用能权指标可以过紧。根据每年用能权指标可以过紧，采用行业准入值。用能权指标由非清洁能源组成，采用基准值法和历史强度下降法。由省级主管部门向重点用能单位发放用能权指标，重点向重点用能单位的用能权指标进行交易，一年后对重点用能单位的用能权指标标准进行清算	实行免费分配和有偿分配相结合的方式，试点初期以免费为主	重点用能单位以及符合用能权交易规则相关规定的其他用能单位	用能单位每年在一定时间内足额缴纳与用能权交易主管部门审定的上一年度用能量等额的用能权指标，履行清缴义务

5.6 典型案例

花都区地处广东省广州市北部,拥有丰富的林业资源。花都区依托广东省碳排放权交易市场和碳普惠制试点,选取梯面林场开发公益林碳普惠项目,通过引入第三方机构核算减排量、网上公开竞价等措施,建立碳减排激励机制,并形成了良好的示范效应。自花都区梯面林场公益林碳普惠项目成功实施以来,广东省河源市国有桂山林场、广东省新丰江林场、韶关市始兴县、清远市英德市等地也成功开展了碳普惠核证减排量交易。截至 2020 年 8 月,广州碳排放权交易所林业碳普惠项目成交总量超过 300 万 t,总成交额超过 2 000 万元,实现了碳普惠制度与碳排放权交易体系的有机结合。

完善基础数据和制度保障。一是制定林业碳普惠方法学。2017 年,广东省公布了公益林、商品林项目碳普惠方法学,以反映广东省林业经营普遍现状的平均水平监测数据为基准值,采用林业部门森林资源二类调查数据或森林资源档案数据进行核算,将优于全省森林平均固碳水平的碳汇量作为碳普惠核证减排量的计算依据。二是制定林业碳普惠交易规则。2017 年 7 月,广州碳排放权交易所出台了《广东省碳普惠制核证减排量交易规则》,对交易的标的和规格、交易方式和时间、交易价格涨跌幅度和资金监管、交易纠纷处理等进行了明确规定,同步建成了广州碳排放权交易所碳普惠制核证减排量竞价交易系统,为林业碳普惠项目实践奠定了基础。

引入第三方开展碳减排量核算。2018 年 2 月,广州市梯面林场委托中国质量认证中心广州分中心,依据《广东省森林保护碳普惠方法学》,对其权属范围内约 1 800 hm^2 生态公益林 2011—2014 年产生的林业碳普惠核证减排量进行了第三方核算,并重点核实了林场内森林生态系统碳汇量

105

优于省平均值的情况。核算结果显示，梯面林场项目区年平均碳汇增长速率超过 5.0 t 二氧化碳当量/hm²，高于全省公益林 3.324 7 t 二氧化碳当量/hm² 的平均水平；扣除全省平均值后，项目区 2011—2014 年共产生林业碳普惠核证减排量 13 319 t 二氧化碳当量。经省主管部门审核后，上述碳减排量被发放至梯面林场的碳排放权登记账户，可在广东碳市场自由交易。

构建市场化交易机制。广东省是首批开展碳排放权交易试点的地区之一，以碳排放权交易市场为基础的碳汇交易机制已较为健全，每年控排企业可以通过购买碳排放权配额或自愿减排核证减排量等方式抵消碳排放量，前者一般由企业通过技术改造、节能减排等方式获得，后者一般通过购买林业碳汇、可再生能源项目减排量等方式获得，但企业购买的自愿减排核证减排量不能超过全年碳排放配额的 10%。按照广东省碳普惠制核证减排量交易规则，梯面林场委托广州碳排放权交易所，于 2018 年 8 月举行了林业碳普惠项目的竞价。根据竞价公告日的前三个自然月广东碳市场配额挂牌价加权平均成交价的 80%，确定该项目竞价底价为 12.06 元/t。广州碳排放权交易所内具有自营或公益资质的个人和机构会员都可以自由参与竞价。经统计，共有 10 家机构和个人会员参加竞价，最终成交价格为 17.06 元/t，溢价率超过 40%，总成交金额为 22.72 万元，成为广州市首个成功交易的林业碳普惠项目。2019 年 6 月，该林业碳普惠核证减排量由广州市一家企业购得，并用于抵消其碳排放配额。

5.7 小结

5.7.1 存在的问题

（1）自然资源产权交易

相关法律法规与市场机制不健全。目前，我国依法可交易的产权权利类型有限，以法律的形式确定了包括土地使用权转让，探矿权、采矿权转让，森林、林木、林地使用权转让，海域使用权转让等自然资源产权交易类型，但相关资源法中禁止使用权转让的制度尚未修改，制约了自然资源产权交易的进一步推进。

完全参与交易的制度条件不充分。目前，自然资源产权交易市场存在产权价值难以确定、交易信息不对称、交易费用偏高等问题，导致受让方存在信息失灵的情况，其合法权益难以得到保障。同时，由于自然资源的复杂性，目前尚无统一合理的定价方法，导致自然资源产权的价格形成机制不完善，阻碍了自然资源产权交易的长效推进。

（2）排污权交易

我国的排污权交易体系还不健全，主要体现在以下两方面：在排污指标初始分配方面，绩效分配方法的落实情况、新源排放配额的获取方式都还未达到一定标准，且排污权初始价格形成机制不科学，价格机制不能准确反映资源稀缺程度，不利于排污权交易的推广。在交易市场管理方面，排污权二级市场交易还缺乏相关的规范，存在排污权交易纠纷、交易违规行为等问题，且对企业排污监测和交易监管的力度不足。污染物排放计量体系不健全，导致无法对排污单位的真实排放数据进行有效追踪，影响了排污交易市场的稳定性。在监管执法方面，排污权交易对现场检查、违法处罚等环保监管的基础工作提出了更高要求。然而，目前管理技术规范尚未建立，在线监测和刷卡排污数据法律地位有待提升，无法形成有效的监管。对拒不缴纳有偿使用费的企业也无合法、有力的强制措施，这些都导致试点地区普遍存在交易监管失效、执法困难重重等问题。

（3）碳排放权交易

配额分配不合理。在配额总量方面，我国碳市场采取从中央到地方的两级管理制度，但存在配额分配过多现象，配额超发加上需求不足，导致碳价格波动性较大，弱化了通过碳价格引导企业减排的作用。在配额分配方面，没有充分考虑到行业和地区的差异。虽然部分试点设置了行业调整系数，但是免费配额的发放偏向于重点排放和重点耗能单位，对其他行业没有给予重视。因此，在配额分配时应该考虑到行业和地区的差异。

MRV 体系不完善。一是部分地方对减排的重视度不够，没有跟进重点排放单位的排放量。企业排放温室气体的过程不受控制会直接影响监测结果的可信度和后期的核查结果。且对于核查机构的核查质量也没有严格把关，再加上核查成本的影响，往往导致数据的真实性和核查质量没有保障。二是我国发布的两批 24 个行业的温室气体排放核算方法与报告指南中对于特定术语和定义的说法存在差异，缺乏统一的规范，给排放企业和核查机构造成了一定困扰。

市场活力不足。目前，国内碳市场中普遍存在市场活力不足的现象，这导致市场流动性较差，成交量和成交额都较低。一是参与主体较少且参与积极性不高，碳市场价格波动较大，碳市场的定价不能完全反映市场的供求状况。二是金融机构创新能力不足。目前的碳市场，不管是配额交易还是核证减排量交易，都是现货市场交易，碳金融衍生品的交易有限。传统金融与碳金融融合度低，碳基金、碳保险、碳期货等产品发展缓慢。较低的市场活力和流动性难以支撑我国碳市场的发展。

（4）水权交易

我国水权改革还缺乏系统性顶层设计。主要体现在以下两方面，一是水资源所有权的主体和权利界限不明确，还存在法定所有权主体和事实所有权主体不一致的情况。根据法律规定，水资源所有权归国家所有，地方政府只是代表国家行使对水资源的所有权，不能对水资源进行买卖。但实际情况中，部分地区对水资源的使用权进行了转让。二是水权交易的法律法规不完善。目前，《水法》等相关规定还不能满足水权交易的实践需求，且水权及水权交易的相关概念不清晰，对水资源的使用、支配等也缺乏具体的规定，使水权交易的实施运行较为困难。

水权交易缺乏对水质因素的考虑。水资源包括水量和水质两个维度，在水权交易过程中，对水质的规定应是内在要求。但目前我国的水权交易多注重对交易水量的规定，多数水权交易项目的交易条款对水质规定较为模糊。忽视水质问题容易诱发水权交易纠纷，不利于水权交易的健康发展。

（5）用能权交易

我国用能权交易制度的基础体系还不完善，相关法律法规还不完备，且配额分配方法还处于试点探索阶段，其科学合理性有待进一步提高。交易市场的发育程度不够，市场的功能没有得到有效发挥，要实现市场化的交易体系还存在较大差距。初期的用能权交易市场缺乏活跃度，受交易制度的影响，大部分试点优先选择部分地区或部分基础较好的行业，导致用能权交易覆盖面有限。

5.7.2 发展方向

（1）自然资源产权交易

需要加快建立合理的自然资源产权定价机制，加快推进自然资源的确权登记，从制度设计入手，扩大森林、草地、岛屿、湿地等各类自然资源的开发权、经营权、使用权及其他相关权利进入交易和流转的范围，培育并建立自然资源使用权流转市场，推进交易的进行。建立一套规范的产权信息发布制度，鼓励产权交易双方在平台上发布并更新交易信息，增加信息的透明度，降低交易成本，保障产权交易的规范性、公平性。

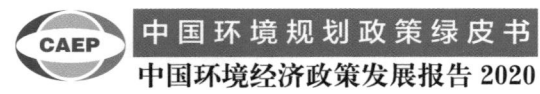

（2）排污权交易

在国家层面上统一规范排污权交易制度，衔接总量控制制度和污染物排放许可制，以总量削减为核心开展排污权交易，以排污许可证为载体进行初始排污权核定及监管。推进同一区域、同一行业排污权的技术核定方法、排放标准和控制要求的统一。坚持企业的市场主体地位。以鼓励企业之间的二级交易市场为主，有针对性地调整交易制度、交易规则和交易计价方法，完善排污权市场交易体制，推动建立以市场为主导的排污权交易体制。地方生态环境部门应当及时公开排污权核定、交易信息以及当地环境质量状况、污染物总量控制要求等，接受社会监督。积极推进二级交易市场，在实施新增污染源市场交易、获取排污权的基础上，进一步推进二级交易市场机制的建立。试点地区应当依据当地环境质量改善目标，制定重点污染行业排放总量削减目标及目标完成时限，并据此对企业提出明确的排污权削减目标和时间要求。满足许可排放量限值但目标完成时限内尚未达到排污权削减目标的现有排污单位，也可通过交易市场购买排放量指标，从而有效激活二级交易市场。提高管理信息化水平，强化环境监测与执法。加快建设全国排污权交易管理信息平台，深化环境监测体制改革，完善企业污染物排放监测报告制度，重点企业实行在线自动监测。深入开展环境执法体制改革，加强污染源监督性监测，加大对排污单位环境监测数据作假的打击力度，加大对环境违法行为的处罚力度。

（3）碳排放权交易

加快完善全国碳市场制度体系，加快建立统一的职责明确的管理体系。加快推进全国碳市场基础设施建设，优化碳排放数据报送系统，完善全国碳市场注册登记系统和交易系统建设方案并加快实施。引导地方加快制定碳达峰方案，明确碳市场建立的时间表，推进各部门、各市场主体积极参与碳市场交易。组织发电行业做好启动工作，制定发布发电行业配额分配技术指南，组织开展电力企业配额测算工作。强化技术能力建设，重点开展面向生态环境系统、各相关部门、发电行业重点排放单位以及第三方核查机构等各类市场参与主体的能力建设和培训活动，鼓励地方、行业协会和中央企业主动发挥作用，为碳市场的顺利运行提供人才保障和技术支撑。

（4）水权交易

加强总体规划，提高改革的科学性，继续深化水权关键问题研究，进一步破解制约水权改革的关键问题。积极出台水权交易政策文件，对水权交易、水市场监管等进行整体部署，厘清各部门职责。加快完善水权交易法律体系，并完善其相关主体和权力的界定。针对水权交易的主体、性质、初始分配、权力的内容和转让等，都要进一步明确。根据不同地区的产业规划、环保政策和水权受让企业排污状况及受让主体水权交易价格承受能力，实行有差别的水权价格，推进水权交易"量质统一"管理。加快推进跨省江河水量分配，进一步规范取水许可管理，为开展水权交易提供依据。

（5）用能权交易

加强与地方节能目标责任的衔接，研究做好地区能源消费总量预算化管理和纳入交易范围企业的能耗统计以及指标分配工作，构建起总量控制与分配指标的有机联系，推动企业开展用能权交易。要加强行业能效标准研究，增强能耗数据统计核查能力，优化完善分配方法，加强对能效先进企业的鼓励激励，并完善用能权交易的相关法律规范。积极与碳排放权交易相互协调发展，结合用能权交易基础数据和统计技术相对完善，以及碳排放权交易国际实践经验足和政策支持力度大的特点，探索建立两种制度互补的协调机制，避免覆盖范围不充分，提升行政效率。

6

绿色税收政策

陆续出台一系列绿色税收优惠政策，已构建起以环境保护税为主要手段，以资源税为重点，由车船税、车辆购置税、消费税、企业所得税、增值税等税种组成的绿色税收政策。税收政策在减少污染排放、促进结构调整等方面发挥了积极作用。

6.1 环境保护税

积极推进环境保护税征管。我国于 2018 年 1 月 1 日起开征环境保护税。环境保护税由排污费改革而来，实施 3 年来，费改税实现平稳过渡。截至 2020 年，环境保护税征收总额为 579 亿元。其中，2018 年为 151 亿元；2019 年为 221 亿元；2020 年为 207 亿元，同比下降 6.4%。2020 年第一、第二、第三、第四季度的环境保护税总额分别是 55 亿元、46 亿元、53 亿元、53 亿元。税收征管促进了污染减排。据统计，2020 年黄河流域省份纳税人申报的主要大气污染物二氧化硫、氮氧化物排放量分别下降了 9.0%、16.2%，主要水污染物化学需氧量、氨氮排放量分别下降了 18.1%、16.2%，有近 700 家企业由直接向外排放污染物改为接入管网集中处理。

各省份均发布抽样测算方法。根据《中华人民共和国环境保护税法》的规定，应税大气污染物和水污染物的应纳税额为具体适用税额乘以污染当量数。具体适用税额由省级人民政府统筹考虑本地区环境承载能力、污染物排放现状和经济社会发展目标要求，在环境保护税法规定的税额幅度内制定。污染当量数以该污染物的排放量除以该污染物的污染当量值计算，污染当量值在环境保护税法中已明确。环境保护税法第十条规定了应税污染物排放量的计算方法和顺序，依次为自动监测数据法、监测数据法、排污系数和物料衡算法、抽样测算法。其中，抽样测算法由省级人民政府生态环境主管部门制定和发布。截至目前，全国各省份均已发布适用于本省份的抽样测算方法，包括畜禽养殖、餐饮娱乐服务、医院、建筑施工、煤炭堆存装卸等行业。2020年3月，四川省生态环境厅发布了《关于发布〈四川省环境保护税应税污染物排放量抽样测算方法〉的公告》（2020年公告第1号），规定了无法进行实际监测或者物料衡算的第三产业小型排污和施工扬尘两个行业相关污染物排放量的核算方法，弥补了监测和排污系数方法的缺漏。2018年发布的《四川省环境保护税应税污染物排放量抽样测算方法（试行）》同时废止。

辽宁省对应税大气污染物和水污染物环境保护税适用税额作出调整。2020年5月，辽宁省第十三届人大常委会第十八次会议表决通过《关于批准辽宁省应税大气污染物和水污染物环境保护税适用税额调整方案的决议》。调整方案将大气污染物中的二氧化硫和氮氧化物的适用税额上浮至2.4元/污染当量（上浮100%），其他维持1.2元/污染当量不变；将水污染物中的化学需氧量和氨氮的适用税额上浮至2.8元/污染当量（上浮100%），其他维持1.4元/污染当量不变。调整方案自2020年7月1日起施行。调整方案主要考虑到上述四项污染物为辽宁省主要污染物

（占全部污染物的 68%），也是国家总量控制的重点污染物，实行较高税额有利于企业加大环保设备投入、减少排放。调整后，辽宁省环境保护税适用税额居于全国中游水平。

6.2 资源税

2020 年资源税税收额为 1 755 亿元，同比下降 3.7%。从 1984 年的《资源税若干问题的规定》到 2019 年颁布的《中华人民共和国资源税法》，我国的资源税经历了从无到有、法律位阶逐步提升的过程。其间，我国资源税征收范围逐步拓展，征收计算方法不断改进，资源税收制度愈加完善，征税形式由"按超额利润征收"演变到"从量计征"，再到"从价计征"，对于优化能源结构、促进资源有偿使用、实现经济与环境的协调发展起到积极的作用。

出台资源税法及配套法规。2020 年 9 月 1 日起，《中华人民共和国资源税法》（以下简称《资源税法》）正式实施，在我国实施近 27 年的《中华人民共和国资源税暂行条例》随之废止。《资源税法》吸收了《资源税暂行条例》实施以来长期践行有效的做法，以纳税人为中心，进一步深化"放管服"要求，落实税收法定原则，完善地方税体系，构建绿色税制。为更好地贯彻落实《资源税法》，财政部、国家税务总局等有关部门制定并公布了配套政策文件，细化了有关政策和征管规定，确保《资源税法》在全国顺利落地。"三个公告"分别是 2020 年 6 月的《财政部、税务总局关于资源税有关问题执行口径的公告》（财政部、税务总局公告 2020 年第 34 号，以下简称"34 号公告"）、2020 年 7 月的《财政部、税务总局关于继续执行资源税优惠政策的公告》（财政部、税务总局公告 2020 年第 32 号，以下简称"32 号公告"）、2020 年 8 月的《国家税务总局关于资源税征收管理若干问题的公告》（国家税务总局公告

2020 年第 14 号，以下简称"14 号公告"）。"34 号公告"对资源税的计税基础、抵扣范围、税收优惠等进行了进一步的辨析，明确资源税应税产品的销售额按照纳税人销售应税产品向购买方收取的全部价款确定，不包括增值税税款。"32 号公告"明确《资源税法》实施后继续执行"青藏铁路自采自用砂石免征资源税"等 4 项资源税优惠政策。"14 号公告"规定了纳税人申报资源税时应当填报"资源税纳税申报表"，在享受资源税优惠政策时实行自行判别、申报享受、有关资料留存备查的办理方式，进一步对《资源税法》的相关内容进行了补充完善。

6.3 其他环境相关税收政策

6.3.1 企业所得税

西部大开发企业所得税政策拟新增部分节能环保类鼓励类产业。2020 年 4 月，财政部、国家税务总局、国家发展改革委发布《关于延续西部大开发企业所得税政策的公告》，规定自 2021 年 1 月 1 日—2030 年 12 月 31 日，对设在西部地区的鼓励类产业企业按 15% 的税率征收企业所得税。其中，鼓励类产业企业是指以《西部地区鼓励类产业目录》中规定的产业项目为主营业务，且其主营业务收入占企业收入总额 60% 以上的企业。8 月，发展改革委发布《西部地区鼓励类产业目录（征求意见稿）》，各省（区、市）均新增节能环保类鼓励类产业，如重庆市新增节能环保材料预制装配式建筑构部件生产产业，四川省新增 3 000 t/a 以上氧化钒清洁生产技术开发及应用产业等。

6.3.2 进出口退税

取消部分固体废物进口暂定税率。2019 年 12 月，国务院关税税则委员会发布《2020 年进口暂定税率等调整方案》，取消部分固体废物的进口暂定税率：自 2020 年 1 月 1 日起，取消钨废碎料和铌废碎料两种商品进口暂定税率，恢复执行最惠国税率。具体变动情况见表 6-1，由此可知，钨废碎料和铌废碎料的进口关税明显提高。

表 6-1　2020 年固体废物进口税率变动情况

海关编码	商品名称	最惠国税率	2019 年进口暂定税率
8101970000	钨废碎料	6%	0%
8112924010	铌废碎料	3%	0%

固体废物进口量缩减明显。2020 年 11 月，生态环境部、商务部、国家发展改革委、海关总署联合发布《关于全面禁止进口固体废物有关事项的公告》，规定自 2021 年 1 月 1 日起，禁止以任何方式进口固体废物。在环境政策和绿色关税的双重作用下，我国"洋垃圾"进口大幅缩减。截至 2020 年 11 月 15 日，全国固体废物进口总量仅为 718 万 t，同比减少 41%，仅为 2016 年的 1/6。

6.3.3　增值税

增值税优惠政策助力磷石膏资源综合利用发展。2019 年 10 月，财政部、国家税务总局发布《关于资源综合利用增值税政策的公告》（财税〔2019〕90 号），扩大了磷石膏资源综合利用增值税即征即退的产品目录范围，降低了企业退税门槛，这有利于磷石膏综合利用行业的可持续健康发展。2019 年，由于磷石膏产品质量参差不齐，市场推广应用阻力大，磷石膏实际综合利用率仅为 40%，同比下降 3.22%。2020 年，随着磷石膏产品质量逐渐稳定和提升，在税收优惠政策和财政补贴的双重作用下，部分省市的磷石膏综合利用率显著提高，如湖北省宜昌市预计2020 年年底新增磷石膏综合利用能力 185 万 t/a 以上，磷石膏综合利用率将超过 40%，同比增长约 10 个百分点。贵州省 2020 年 1—8 月磷石膏利用处置 869.71 万 t，比上一年同期增加 468.71 万 t，利用处置率高达 99.22%。

6.3.4　交通类税收

持续鼓励使用新能源汽车。2020 年 4 月，财政部、国家税务总局、工业和信息化部再次发布《关于新能源汽车免征车辆购置税有关政策的公告》，对新能源汽车免征购置税延至 2022 年 12 月 31 日。2020 年5 月，国家发展改革委等 11 个部门联合发布《关于稳定和扩大汽车消费若干措施的通知》（发改产业〔2020〕684 号），对新能源汽车相关政策进行了解读，提出要完善新能源汽车购置相关财税支持政策，除上述公告的免征新能源汽车购置税延至 2022 年年底外，还要求将新能源汽车购置补贴政策延续至 2022 年年底，并放缓 2020—2022 年补贴退坡力度和节奏，加快补贴资金清算速度。截至 2020 年 12 月底，工业和信息化部与国家税务总局已联合发布《享受车船税减免优惠的节约能源使用新能源汽车车型目录》至第 21 批，《免征车辆购置税的新能源汽车车型目录》至第 37 批。2014—2020 年，全国财政已累计减免新能源汽车的车辆购置税 1 000 亿元。2020 年，车辆购置税收入 3 531亿元，同比增长 0.9%。主要是汽车销量增长减缓，免税的新能源汽车销量占比提升。2020 年，全国新能源汽车销量为 111 万辆，占全国汽车销量的 4.58%。

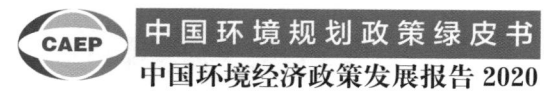
6.4 小结

6.4.1 存在的问题

环境保护税的污染物排放量计算方法尚不能满足征管需要。排污系数存在覆盖行业、工艺、末端治理技术不全或者有待更新，不能合理反映目前的生产工艺和污染治理技术。除锅炉、港口码头外，很多行业缺乏统一的污染物排放量计算方法。一些行业的污染排放特征值比较老旧，已经不适合新的产品和技术的发展。不同区域间污染物排放量计算方法差异较大，各地制定的具体适用税额标准差异较大，导致同一行业不同区域间企业环境保护税的缴纳额差异很大。施工扬尘环境保护税征管存在分歧，国家没有针对该行业发布排放系数，大部分省份通过发布抽样测算方法对施工扬尘征收环境保护税，在扬尘产生系数和削减系数、建设面积或土方数据量、纳税主体、纳税周期等方面存在分歧。

资源税设计有待完善。一是资源税的征收范围较窄。当前我国资源税的征收范围局限在原油、煤炭、天然气、金属和非金属原矿等行业，林业、草地、地热资源等具有较高生态价值的自然资源没有被覆盖在内，许多重要的矿石种类未被列入其中。二是税率过低，导致调节作用不能有效发挥。美国、加拿大等发达国家资源税率一般超过 10%，巴西等发展中国家的资源税费负担水平在 10%～15%。而我国原油、天然气等资源税率仅为 5%～10%，且实际执行时多按 5%征收。资源税所征收的税费与开采资源所获得的收益差距较大，不能有效发挥其调节作用。不同资源之间的税率差距较小，不能体现稀缺资源的"特殊地位"。三是资源税收入分配格局不合理。资源税收入由中央与地方共享，企业按规定足额缴纳资源税。在实际税收收入分配中，地方收税积极性较低，部分企业资源开发利润过高。我国各区域的自然资源禀赋差异较大，资源丰富地区有较多财政收入，资源贫乏地区财政收入较少，拉大了地区间的贫富差距。

进出口关税绿化程度不足。目前，我国固体废物进口关税覆盖范围较窄，部分固体废物仍享受较低进口关税，如锌废碎料、钽废碎料、铜废碎料、镀锡钢铁废碎料、铸铁废碎料等固体废物进口仍采用低于最惠国税率的暂定进口税率，这不利于发挥关税直接抑制固体废物进口的作用。此外，我国缺乏以环境保护为目的的特别关税政策，进出口关税政策调整与构建高污染、高能耗、资源型（"两高一资"）产品差别退税体系之间的协同配合不足。

再生资源行业的增值税设计不健全。废弃资源大部分来源于民间，少部分来源于企业。来自民间的部分没有进项税，由于企业将其视为已使用过的固定资产销售，来自企业的部分只开具增值税普通发票，导致加工利用企业的增值税进项税额无法抵扣，进项成本难以落实认定，企业实际税负大。此外，加工环节资源综合利用增值税优惠政策条件较为苛刻，再生资源加工利用企业多为小微企业，较难满足优惠政策条件，真正能够享受到税收优惠的企业有限。目前，我国增值税优惠政策只针对再生资源后端加工利用企业，而对前端回收经营企业自 2010 年取消增值税优惠政策后再无优惠，这不利于再生资源前端回收企业发展。

新能源汽车促进政策有待进一步完善。税务机关目前尚未与主要汽车生产厂家和经销商实现数据共享，交警车管部门与车辆购置税征收部门信息仍无法做到及时沟通交流，无法及时掌握新能源汽车的价格变动情况及销售信息。

6.4.2 发展方向

推进环境保护税改革。一是尽快完善应税污染物排放量计算方法。全面采用排污许可核发技术规范，并与第二次全国污染源普查系数相结合，更新完善现有环保税排污系数和物料衡算方法，增加应税污染物计算方法的统一性，规范相关行业的环境保护税征收，以便减小地方制定抽样测算办法的压力。目前，我国已经发布了 75 项排污许可证申请与核发技术规范，明确了纳入排污许可管理的全部行业的污染物实际排放量计算方法，基本覆盖了污染物排放的主要行业，符合当前技术水平。同时，第二次全国污染源普查成果中包含了更新的产排污系数和物料衡算方法，可用于未纳入排污许可管理的行业污染物排放量计算。建议生态环境主管部门尽快发布公告，明确已纳入排污许可管理的行业排污单位，污染物排放量计算方法适用《排污许可证申请与核发技术规范 总则》（含产排污系数、物料衡算方法）；未纳入排污许可管理的行业排污单位，污染物排放量计算方法适用第二次全国污染源普查确定的产排污系数、物料衡算方法。二是明确施工扬尘的纳税主体、计税依据等关键税制要素。国家相关部门应尽快明确施工扬尘的纳税人，并对计税依据进行统一和明确。根据《环境保护税法》对纳税人的定义，直接向环境排放应税污染物的企业事业单位和其他生产经营者为环境保护税的纳税人。施工单位是污染物的直接排放者，应承担污染防治责任和缴纳环境保护税。但污染防治和环境保护税是施工成本的一项内容，建设方应将污染防治成本和环境保护税等费用计入工程造价，并在合同中予以明确。出于征管的便利性，可以规定由建设方进行环境保护税的代扣代缴或委托代征。三是做好纳税征收和缴纳的辅导工作。环境保护税涵盖的纳税人行业、污染物种类具有一定的广泛性，计税依据也具有较高的专业性和复杂性。虽然环境保护税已经开征 3 年，但很多税收征管人员和纳税人仍然对环境保护税的计算和征收存在较多疑问。同时，随着征管实践的深入，一些具体的问题不断显现出来，这就需要进一步加强环境保护税纳税宣传和辅导工作。尤其是下一步，排污系数修订和完善可能会带来相当一部分行业的应税污染物排放量计算方法和数量的变化，应当及时跟进宣传辅导。

深入推进资源税改革。一是推进资源税的征收范围稳步扩大。林业、草地等生态价值较高的资源在未来社会发展中占有越来越重要的地位，开发这些资源将会带来较大的经济效益。在实践中，应重点考虑资源的储备量、利用成熟度、保护需求及税收征管水平等，遵循"由易到难"的原则，使征收范围稳步扩大。明确所征收的具体条目，使征收更加规范化、具体化。扩大征收范围时，考虑各种自然资源不同的特征，根据不同资源的特殊性实施不同的资源税政策，采用合理的征收方式和征收原则，使资源税的衡量测度符合各种资源的特点。二是适当提高资源税税率。从国外经验来看，美国和俄罗斯均采用动态税率，资源税税率大都在 10%～15%。我国应根据各地区资源条件及经济发展差异、企业承受能力等因素制定资源税税率，避免统一税率增加企业结构性负担。还应规定资源税税率变动幅度，授权省级政府按照税费平移原则，适当提高资源税税率。同时，应考虑稀缺资源类型和现行征管水平，对稀缺性资源、非替代性资源、不可再生性资源，调高现行税率标准。进一步发挥资源的调节级差功能，促使企业重视资源回采与重复使用，推动资源的合理开发，避免资源浪费与生态破坏。三是完善资源税利益分配机制。建议将资源税设定成中央政府的专有税种，充分发挥中央政府独有的统筹功能，令资源得到合理开发，使中央政府与地方政府、产地政府与消耗地政府间的收益分配关系得到有效协调。将海洋、石油和天然气以外

的其他资源也纳入共享税范围，由中央政府统一管理征收，充分发挥资源税宏观调控作用，平衡各地经济发展差距，适当降低地方政府在资源保护中的支出比例，减小财政压力。同时，应根据不同地区资源禀赋差异，设置不同的共享政策，如对西部经济欠发达但资源储量丰富的省份，适当提高资源税收的分享比例。

健全企业所得税政策。缩短环保专用设备企业所得税优惠目录更新周期，如每年对目录进行更新，使目录尽可能覆盖新设备和新技术，且对目录里的设备不宜做过细的指标要求。此外，继续延长对第三方治理企业减按 15% 的企业所得税优惠政策。目前，这一优惠政策实施期限为2019 年 1 月 1 日—2021 年 12 月 31 日。税收优惠政策对于第三方治理企业的发展起到了重要的促进作用。"十四五"时期，要打好升级版污染防治攻坚战，建议继续延长该优惠政策。

提高进出口关税绿化程度。一方面主动发挥进出口关税绿色性，在调整关税时综合考量经济、财政和环境因素，适当调高进口固体废物等污染型产品税率。另一方面应加强关税同其他税种的协同配合，例如，将调高进口关税同取消或调低出口高耗能、资源型产品退税率政策相结合等。我国应提高对关税的环境保护作用的重视程度，提高关税的绿色水平，积极应对《欧洲绿色政纲》与欧盟碳边境调节税对我国外贸的冲击。

完善可再生资源行业的增值税政策。从原生资源开采利用到废弃物最终处置，健全覆盖各环节的税收政策体系。统筹考虑原生资源与再生资源的关系，以及产废、收废、加工、利用、最终处置各环节的关系，建立覆盖资源全生命周期的税收政策。加大再生资源加工环节增值税即征即退比例，完善回收环节的增值税优惠政策，扩大再生资源回收利用增值税覆盖范围，适当降低享受优惠政策的门槛，简化程序，促进再生资源行业发展。

　　加大对新能源汽车的税收政策支持力度。一是建议给予新能源小汽车消费税税收优惠。美国、日本、印度等国家给予了新能源汽车消费税税收优惠，我国在下一步的小汽车消费税税制改革中可以参照相关国家的经验，给予新能源小汽车相应的消费税优惠。二是构建车辆购置税管理平台。在征管制度建设方面，要根据当前应税机动车价格市场化、快速多变的新形势，建立与之相适应的更新和更快的最低计税价格收集系统、更新信息系统和征收自动核价系统；在征管体系方面，要建立适应其特点的稽核和协管体系；在征收环境上，避免地方政府过多干预，减少执法阻力，独立依法行政，依法征收。从税收效率角度出发，优化的车辆购置税征管体系宜充分借助交警车辆管理部门对车辆管理的处罚权和海关对进口货物的查验审批权，抓住车辆注册环节和进口环节征足车辆购置税。在建立计算机车辆信息共享的基础上，在交警车管部门注册办理柜台和海关报关柜台设立窗口，合署办公。三是完善成品油消费税的税目注释。完善不同成品油消费税的税目注释，以减少生产者偷税漏税的行为。完善和创新成品油消费税税目注释，让更多的生产者了解不同类型成品油消费税税目，详细了解税目注释内容，提高成品油消费税制度运行效率。同时还应完善征管机制，在现行征管制度的基础上，加大财政监督力度，对各地的税收返还与成品油消费税征管实行绩效结合，杜绝地方企业销售不开票行为。四是推进车船税计税依据合理化。车船税作为财产税，理论上的计税依据应该是车船的评估价值。国际上的基本做法是，以车辆价值或发动机功率为计税依据，我国也可以考虑按车辆价值为计税依据。在车辆年检的时候评估其价值，由相关部门代收代缴税款。

7

绿色金融政策

近年来，绿色复苏成为推动全球经济转型的重要方向，各国相继推出涉及能源、交通等领域绿色转型的支持政策。我国绿色金融标准不断完善，从定性逐步走向定量，推动发挥绿色金融的导向作用。2020 年，《绿色债券支持项目目录（2020 年版）》（征求意见稿）、《银行业存款类金融机构绿色金融业绩评价方案》等宏观标准和政策相继出台，旨在加强对绿色金融发展的支持。国家绿色发展基金成立，绿色债券、蓝色债券、绿色信贷等绿色金融产品不断推新。随着"碳中和"目标的提出，我国在加快绿色发展方面不断细化气候金融措施，为绿色金融发展带来新的机遇。

7.1 宏观标准和政策支持绿色金融发展

推动国内绿色债券市场统一标准。2020 年 7 月，中国人民银行、国家发展改革委、证监会共同发布《绿色债券支持项目目录（2020 年版）》（征求意见稿），将《绿色债券支持项目目录（2015 年版）》《绿色债券发行指引》和《绿色产业指导目录（2019 年版）》的适用范围衔接起来，对部分项目的界定标准更加严格，并结合中国经济社会发展阶段、产业状况和生态环境特点等因素，细化了绿色项目的范畴和类型，建立了绿色项目的分类标准体系，实现了国内绿色债券市场在支持项目和领域上的统一。

央行加强绿色金融业绩评价。2020 年 7 月，中国人民银行印发《银行业存款类金融机构绿色金融业绩评价方案》（征求意见稿），对 2018 年 7 月发布的《关于开展银行业存款类金融机构绿色信贷业绩评价的通知》进行了更新。对银行绿色金融的考核范围由绿色信贷延伸到绿色债券，并将绿色金融业绩评价结果纳入央行金融机构评级。将银行绿色金融业绩评价结果由"纳入 MPA 考核"拓展为"纳入央行金融机构评级"，是对评价结果应用场景的重要扩展，进一步加强了对银行开展绿色金融业务的激励约束机制。

7.2 绿色金融产品不断推新

绿色信贷保持较快增长。我国绿色信贷余额已居世界第一位。2020 年第三季度末，本外币绿色贷款余额为 11.55 万亿元，比年初增长 16.3%，高于同期整体贷款增速。其中，单位绿色贷款余额为 11.51 万亿元，占同期企事业单位贷款的 10.5%。从用途来看，基础设施绿色升级产业贷款和清洁能源产业贷款余额分别为 5.56 万亿元和 3.08 万亿元，比年初分别增长了 17.1% 和 9.3%。从行业来看，交通运输、仓储和邮政业绿色贷款余额 3.52 万亿元，比年初增长了 9.9%；电力、热力、燃气及水生产和供应业绿色贷款余额 3.33 万亿元，比年初增长了 10.3%[①]。

绿色债券发行主体更为广泛。2020 年，我国境内外发行绿色债券规模达 2 786.62 亿元，累计发行规模已突破 1.4 万亿元。其中，境内市场全年发行普通贴标绿色债券 192 只，发行规模 1 961.5 亿元；发行绿色资产支持证券 29 单，规模 329.17 亿元；中资主体赴海外发行绿色债券 18 只，

---

① 中国人民银行《2020 年三季度金融机构贷款投向统计报告》。

规模约合人民币 495.95 亿元。尽管受新冠肺炎疫情影响，2020 年中国境内外发行贴标绿色债券规模相比 2019 年的 3 656.14 亿元有所下降（图 7-1），但数量同比增长，发行主体更为广泛，产品更为多样。境内贴标绿色债券发行规模下降近两成，数量增长 17.8%（图 7-2），募集资金投向清洁交通领域占比最高。非贴标绿色债券发行总量大幅跃升，共发行 1 121 只非贴标绿色债券，发行规模达 3.46 万亿元，其中用于绿色产业规模达 1.67 万亿元，对经济绿色转型的支持能力进一步提升。绿色资产支持证券产品序列不断丰富，绿色类不动产投资信托基金（REITs）实现零的突破，2020 年 10 月由中国能建作为原始权益人的"工银瑞投—中能建投风电绿色资产支持专项计划"发行，总规模 7.25 亿元，成为全国首单新能源发电基础设施类 REITs 产品，也是全国首单绿色类 REITs 产品，示范效应显著。2020 年中国境内外绿色债券发行规模券种分布见图 7-3。

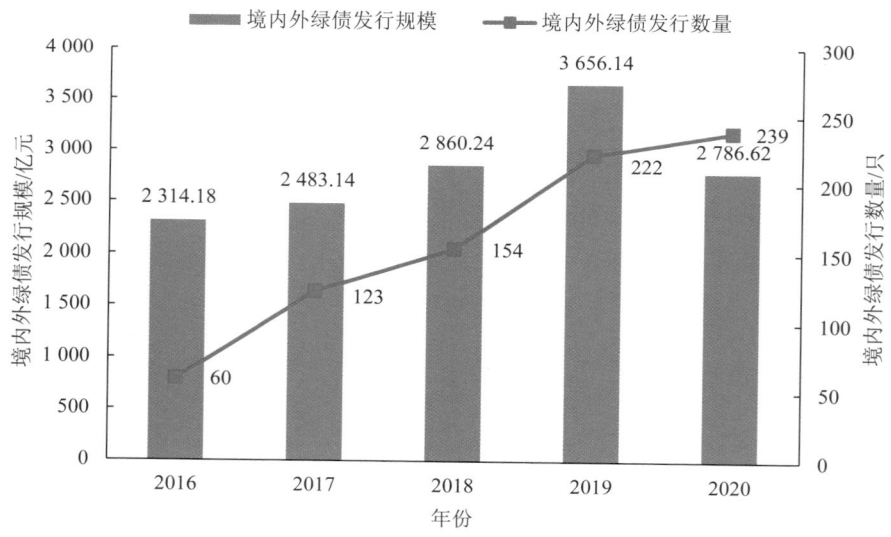

图 7-1　2016—2020 年中国境内外绿色债券发行数量及规模

数据来源：中央财经大学绿色金融国际研究院。

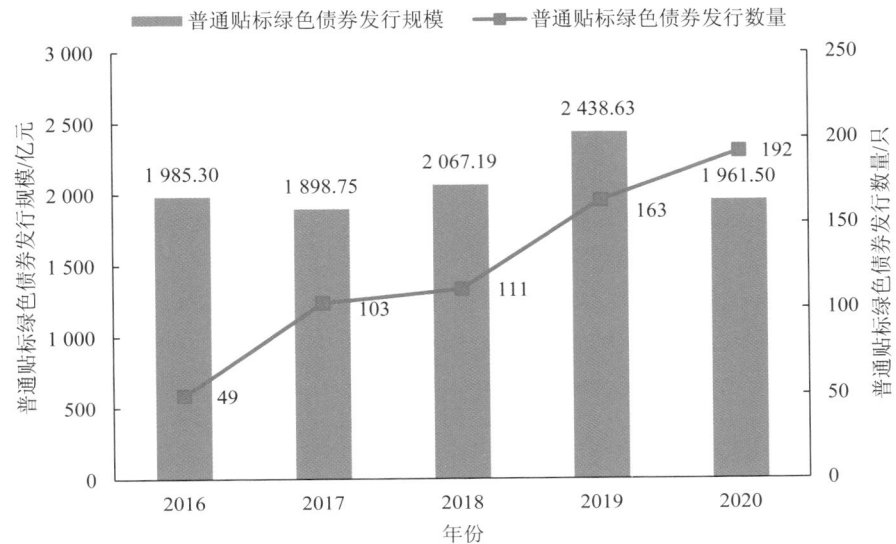

图 7-2　2016—2020 年中国境内绿色债券发行数量及规模

数据来源：中央财经大学绿色金融国际研究院。

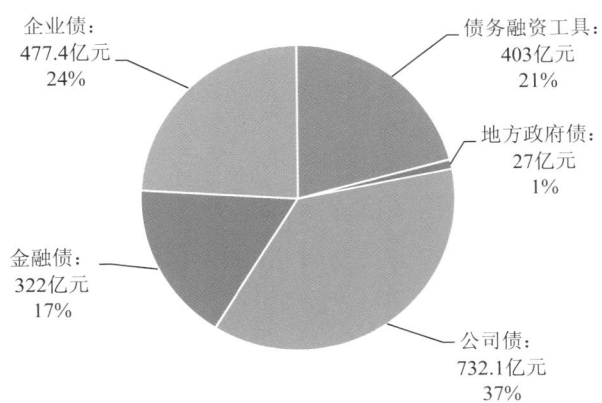

图 7-3　2020 年中国境内绿色债券发行规模券种分布（不含资产支持证券）

数据来源：中央财经大学绿色金融国际研究院。

　　蓝色债券首次发行。"蓝色债券"的发行是 2020 年绿色金融发展的亮点。蓝色债券是指募集资金用于支持海洋资源保护和可持续型海洋经济项目的债券,属于绿色债券的一种类型。2020 年 9 月,中国银行发行中资及全球商业机构首只蓝色债券,包括 3 年期 5 亿美元和 2 年期 30 亿元人民币两个品种,分别由中国银行巴黎分行和澳门分行发行。所募集的资金用于支持中国银行已投放及未来将投放的海洋相关污水处理项目及海上风电项目等,项目主要位于中国、英国及法国。10 月,兴业银行香港分行在国际资本市场上成功发行 3 年期美元固定利率蓝色债券。11 月,由兴业银行独立主承销的青岛水务集团 2020 年度第一期绿色中期票据(蓝色债券)成功发行,成为我国境内首单蓝色债券。海洋是二氧化碳排放的重要消化体,将蓝色债券作为市场创新手段来驱动"蓝色经济引擎",对加快我国海洋强国战略目标的实现具有重要意义。

　　国家绿色发展基金成立。2020 年 7 月,由财政部、生态环境部、上海市人民政府三方发起的首个国家级绿色投资基金"国家绿色发展基金"在上海成立。首期总规模达到 885 亿元,重点聚焦长江经济带沿线的绿色发展,旨在采取市场化方式,发挥财政资金的带动作用,引导社会资本支持环保产业。国家绿色发展基金主要采用股权投资和基金注资的方式,重点支持环境保护和污染防治、生态修复和国土空间绿化、能源节约利用、绿色交通、清洁能源等绿色发展领域。基金出资方包括财政部、长江经济带 11 个省份、金融机构和大型企业,主要服务于国家重大战略,把促进生态文明建设、推动长江经济带发展等战略有机结合起来,聚焦长江经济带沿线的绿色发展,适当辐射国家其他重大战略区域,探索可复制、可推广的经验。

　　地方绿色金融试验区成效显著。2020 年,广东省发行 18 只、222.5 亿元绿色债券,主要银行机构绿色信贷余额为 7 310.62 亿元,同比增长

26.38%，高于同期主要银行机构各项贷款增速 6.73 个百分点；在环境污染责任保险、安全生产责任保险方面，分别提供风险保障 33.15 亿元、4 065.30 亿元；探索发行广东省水资源专项债券，成为我国在贴标绿色地方政府专项债上的又一次成功实践。根据人民银行等四部门发布的《关于金融支持粤港澳大湾区建设的意见》要求，同年 9 月，粤港澳大湾区绿色金融联盟正式成立。甘肃省兰州新区绿色金融改革创新试验区吸纳绿色贷款余额 108.88 亿元，占各项贷款余额的 19.20%。区内 8 家国有集团公司资产总额达到 1 706 亿元，累计实现营业收入 973 亿元，成为支撑兰州新区高质量发展的"主力军"。10 月，浙江省湖州市正式启动建设南太湖绿色金融中心，集聚银行、保险、证券、资管等持牌金融机构，引入金融监管部门入驻，集中发展绿色金融科技、绿色金融培训等绿色金融生态企业。

7.3 气候金融政策实施

国家层面出台政策，支持气候投融资发展。2020 年 10 月，生态环境部、国家发展改革委、中国人民银行、银保监会、证监会五部委联合发布《关于促进应对气候变化投融资的指导意见》。这是自碳达峰、碳中和目标提出后的首份关于气候变化的部委文件，首次从国家政策层面将应对气候变化投融资提上议程，为气候变化领域的建设投资、资金筹措和风险管控进行了全面部署。指导意见分阶段提出了 2022 年和 2025 年发展目标。其中到 2022 年，营造有利于气候投融资发展的政策环境，气候投融资相关标准建设有序推进，对外合作务实深入，资金、人才、技术等各类要素资源向气候投融资领域初步聚集；到 2025 年，促进应对气候变化政策与投资、金融、产业、能源和环境等各领域政策协同高效推进，基本形成气候投融资地方试点、综合示范、项目开发、机构响

应、广泛参与的系统布局，投入应对气候变化领域的资金规模明显增加。

碳金融发展步入"快车道"。随着我国碳达峰、碳中和目标的提出，碳金融发展将迎来巨大机遇。中国人民银行货币政策委员会 2020 年第四季度例会提出，以促进实现碳达峰、碳中和为目标，完善绿色金融体系。12 月，生态环境部审议通过《碳排放权交易管理办法（试行）》，提出建立全国碳排放权注册登记机构和全国碳排放权交易机构，组织建设全国碳排放权注册登记系统和全国碳排放权交易系统，碳排放配额分配初期以免费分配为主，适时引入有偿分配，并逐步提高有偿分配的比例。

7.4 深圳发布全国首部绿色金融领域法规

2020 年 11 月，深圳市正式发布《深圳经济特区绿色金融条例》，自 2021 年 3 月 1 日起施行。这是全国首部绿色金融领域的法规，进一步明确了金融机构和绿色企业的主体责任，规定了政府部门和中央驻深金融监管机构的监督管理措施。

该案例明确提出要落实金融机构的社会责任，除了要求对投资项目开展投资前评估和投资后管理外，针对一定条件下金融机构贷款或者股权投资的项目中发生的损害生态环境的事件予以处罚，进一步强调了金融机构的主体责任，并对其他违法行为提出了针对性的法律责任，加强了相关规定的强制性执行效果。案例以法律形式加强了约束力，规定各类金融机构应当建立内部绿色金融管理制度，包括银行绿色信贷管理制度、保险绿色投资管理制度、机构投资者绿色投资管理制度等。通过法律形成强大的约束力，既有助于扭转各地各部门碎片化、个案化的管理方式，也有望调动多部门的积极性，形成政策的协同效应，增强绿色金融业务的系统性。

当前，该条例主要适用于深圳特区，与我国绿色金融探索的区域性试点改革思路相一致。条例的发布标志着绿色金融发展上升到法律层面，将推动金融机构逐步树立绿色发展的理念，并为绿色金融的发展创造良好的法治环境，推动形成专业、系统、高效的绿色金融发展格局。

7.5 小结

2020 年，我国绿色金融支持领域日益广泛，创新能动性不断提升，绿色金融制度创新加快，绿色信贷、绿色债券、绿色基金等市场规模均位于全球前列，在我国绿色发展整体进程中发挥了积极作用，为生态环境污染治理以及推动碳达峰、碳中和目标的实现提供了有力的金融支持。中国银行发布的《全球银行业展望报告》预计，2021 年我国绿色金融业务规模有望达到 16 万亿元。从趋势上来看，2021 年，绿色金融将逐渐成为银行业的主流经营模式，将有更多银行借鉴国际经验，制定集中统一的包括绿色金融、环境和社会风险管理等在内的绿色发展战略。预计金融业会逐步降低高碳资产配置，增加更多绿色资产的配置。同时，气候环境风险管理将被纳入机构的商业战略和商业决策中。

7.5.1 存在的问题

绿色金融标准有待统一和完善。目前，我国仍缺乏绿色认证及评级的统一标准，主要由民间机构和企业自发探索，导致相关认证评估结果和评估报告的表现形式各异。我国对于绿色债券，分别由中国人民银行和国家发展改革委制定了《绿色债券支持项目目录》和《绿色债券发行指南》两套标准，界定范围存在一定差异，与国际资本市场协会（ICMA）的"绿色债券原则"和气候债务倡议组织（CBI）的《气候债券标准》仍有较大差距，易引起国内债券市场的分化与混乱，不利于我国与国际社会的绿色金融技术交流和吸引国际基金投资。

  绿色金融激励机制不健全。我国绿色金融的发展主要依靠政府以及金融监管机构的政策约束和引导，金融机构自身发展绿色金融业务的积极性和动力欠缺，财政补贴、税收减免和金融优惠等激励政策落实不到位。绿色项目存在投入期长、收益率低、风险高等问题，绿色金融激励措施力度不足，绿色信贷、碳金融交易等环境责任主体企业环保意识淡薄，对绿色金融产品功能认知较差，对绿色金融项目的参与度和主动性较低。

  绿色金融信息披露机制和市场体系不完善。目前，我国绿色金融信息披露机制仍不健全，生态环境保护机构与金融机构之间信息不对称，中国人民银行"企业基本信用报告"中生态环境保护信息项目涉及企业较少，生态环境方面违法犯罪行为判定界限模糊，奖惩和审查体系尚未完全建立。绿色金融市场体系不完善，目前绿色金融工作主要为银行绿色信贷、绿色债券等，其他金融机构参与可能性较小。

  碳市场金融化程度偏低。试点地区和金融机构陆续开发了碳债券、碳远期、碳期权等产品，但碳金融仍处于零星试点状态，区域发展不均衡，缺乏系统完善的碳金融市场，无法满足控排企业的碳资产管理和融资需求，不足以服务"一带一路"等重点区域的碳交易。专业化投资者群体不发达，碳金融发展缺乏专业的长期资金支持。

7.5.2 发展方向

  建设和完善绿色金融市场体系。建立健全绿色金融监管机制，完善相关法律、政策和标准体系，明确各方金融主体的权责范围和奖惩机制，确保绿色金融市场规范发展。优化绿色金融产品的针对性激励机制，推动绿色金融业务发展，形成优质市场环境，调动企业和金融机构参与绿色金融的积极性。鼓励我国银行积极加入"赤道原则"，提升绿色信贷和绿色债券发展深度与质量。

推动绿色金融产品创新。积极研发绿色债券、碳金融、绿色基金和绿色保险等创新性产品，推动绿色金融产品多样化发展，增强绿色金融的商业可持续性。支持市场主体积极创新绿色金融产品、工具和业务模式，切实提升其绿色金融业务绩效。以绿色客户为中心，依据其发展需求扩大产品创意服务范围。通过加强与地方政府部门合作，以发行绿色产业债券、保理融资、发展政府和社会资本合作（PPP）模式绿色产业基金等形式，解决企业资金需求问题。

加快发展碳金融市场。培育交易活跃、全国统一的碳排放权市场，尽快推动交易的正式开展。遵循"适度从紧"原则，确定碳配额总额，确保形成合理碳价。开发碳排放权相关金融产品和服务，鼓励相关金融机构和碳资产管理公司参与市场交易，创新碳期货、碳期权等碳金融产品。探索设立市场化碳基金，建立健全低碳产品生产消费的激励机制。加强支持碳金融项目和试点工作的政策体系建设，制定完善碳金融市场监管和交易管理政策，统一市场监管、交易制度、法律责任、激励约束机制、税收处理等内容。

8

环境污染治理市场政策

2020 年，我国环境污染治理市场政策全面发展。政府和社会资本合作模式与第三方治理体系在投融资与绩效管理等方面继续发展，不断稳固。新设 EOD 模式，并大力推进自然资源与生态产品的资本化与市场化，很大程度上提高了生态环境领域的"供血能力"。

8.1 环保 PPP 政策逐渐健全

气候变化与环境治理领域 PPP 项目投融资机制不断完善。2020 年10 月，生态环境部牵头出台的《关于促进应对气候变化投融资的指导意见》，鼓励和引导民间投资与外资进入气候投融资领域，激发社会资本的动力和活力，支持在气候投融资中通过多种形式有效拉动和撬动社会资本，规范推进 PPP 项目。9 月，生态环境部牵头发布《关于推荐生态环境导向的开发模式试点项目的通知》，要求在试点中创新投融资模式，探索 PPP 等多种投融资模式，推进试点项目实施，推动建立多元化生态环境治理投融资机制。12 月，广西出台《关于加强财政和金融统筹联动支持实体经济发展的实施意见》，鼓励金融机构提供 PPP 项目融资，力争到 2025 年年末，PPP 项目投资规模达 5 000 亿元。

PPP 项目绩效管理能力不断增强。建立合理规范的绩效评价机制，有利于防控地方政府隐性债务风险。2020 年 3 月，财政部制定了《政府和社会资本合作（PPP）项目绩效管理操作指引》，以规范 PPP 项目全生命周期绩效管理工作，提高公共服务质量和效率，保障合作各方合法权益，促进 PPP 项目提质增效。2019 年 12 月，财政部发布《政府会计准则第 10 号——政府和社会资本合作项目合同》，以推动建立健全政府会计准则体系，规范政府方对 PPP 项目合同的确认、计量和相关信息的列报。

PPP 项目管理信息化水平不断提高。全国 PPP 综合信息平台经过升级换代改造，于 2020 年 2 月上线运行。新的信息平台充分利用区块链、人工智能、大数据等最新信息技术成果，扩展了平台架构和功能，提高了信息校验度和准确性，增强了智能监管和大数据计算分析能力，使信息获取和关联检索应用更为便利。中国财政科学研究院与江西省南昌市人民政府联合建立中国财政科学研究院南昌创新基地暨南昌政府和社会资本合作（PPP）创新中心，旨在减少项目入库时间，提高资金使用效率。广西财政投资评审发挥专业技术优势，为 PPP 项目的健康发展建言献策。内蒙古通辽市在 PPP 项目绩效管理系统中建立全流程监控，构建多层协调、决策辅助支持，推进解决了绩效管理工作流程的规范性、及时性问题，多个相关方信息不对称、信息传递缺失问题，以及数据资料积淀而无法充分分析运用的问题，有力地打破了"信息孤岛"，提高了政务服务便利化水平，实现了 PPP 项目运营阶段安全透明、可参与、可记录、可追溯的目标。

生态环境治理仍是 PPP 重点领域。在新冠肺炎疫情冲击下，2020 年全国新入库 PPP 项目同比有所下降，1 月与 2 月的影响较大，但管理库项目总体稳中有升，生态建设和环境保护类项目仍然占据主要位置。根据财政部 PPP 中心统计，截至 2021 年 1 月 28 日，全国 PPP 综合信息平台项目管理库中共有生态建设和环境保护类项目 942 个，投资额 19 482 亿元，分别占总项目数和投资额的 9.51% 和 12.80%，均排名第三位。其中，2020 年[①]全国新入库项目 998 个（图 8-1），投资额 15 678 亿元，同比减少 5 120 亿元、下降 24.6%；净入库项目 514 个，投资额 8 995 亿元，同比减少 2 497 亿元、下降 21.7%；生态建设和环境保护类项目共 528 亿元，为在库项目投资额净增量第四位，占 3.37%。

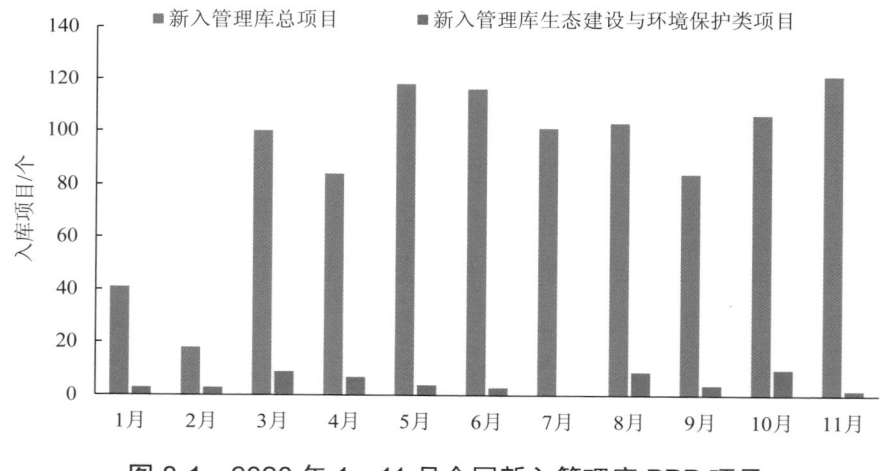

图 8-1　2020 年 1—11 月全国新入管理库 PPP 项目

8.2　环境污染第三方治理

积极发展创新环境污染第三方治理模式。2020 年 3 月，中共中央办公厅、国务院办公厅印发《关于构建现代环境治理体系的指导意见》，

① 1—11 月数据。

要求"积极推行环境污染第三方治理,开展园区污染防治第三方治理示范,探索统一规划、统一监测、统一治理的一体化服务模式。开展小城镇环境综合治理托管服务试点,强化系统治理,实行按效付费"。5月,国家发展改革委发布《关于营造更好发展环境支持民营节能环保企业健康发展的实施意见》,支持第三方治理与民营节能企业发展,要求"在石油、化工、电力、天然气等重点行业和领域,进一步引入市场竞争机制,放开节能环保竞争性业务,积极推行合同能源管理和环境污染第三方治理。各地在推进污水垃圾等环境基础设施建设、园区环境污染第三方治理、医疗废物和危险废物收集处理处置、大宗固体废物综合利用基地建设时,要对民营节能环保企业全面开放、一视同仁"。

疫情防控下深入推进环境污染第三方治理。2020年3月和6月,生态环境部先后发布《关于统筹做好疫情防控和经济社会发展生态环保工作的指导意见》和《关于在疫情防控常态化前提下积极服务落实"六保"任务 坚决打赢打好污染防治攻坚战的意见》,要求积极培育生态环保产业新增长点,落实有利于生态环境保护的价格政策和税收优惠政策,继续深入推进园区环境污染第三方治理,加大技术帮扶,协助企业解决治污难题,探索开展环境综合治理托管、环境医院、环保管家、环境顾问等服务模式。在地方层面,2020年6月,上海市印发《关于在常态化疫情防控中进一步创新生态环保举措 更大力度支持经济高质量发展的若干措施》,通过鼓励发展第三方治理模式并推进试点示范,提升企业专业治理能力,大力发展环保产业。福建省把生态环境服务搬上"云端",建立全国首个省级生态环境亲清服务平台,精选环境咨询、治理等各类优质第三方环保服务机构170家,组织1 500多名生态环境领域专家在线问诊,通过平台牵线搭桥,企业与第三方机构"联姻",推动污染治理项目顺利落地。

8.3 开展 EOD 模式试点工作

启动 EOD 模式试点，提高生态环境治理资金供应能力。2020 年，全国正式开展 EOD 模式试点，增强生态环境治理的资金支持。9 月，生态环境部发布《关于推荐生态环境导向的开发模式试点项目的通知》，创新环境治理模式，推动环保产业发展，于 11 月底前征集生态环境导向的开发模式（EOD 模式）备选项目，探索将生态环境治理项目与资源、产业开发项目有效融合，解决生态环境治理缺乏资金来源渠道、总体投入不足、环境效益难以转化为经济收益等"瓶颈"问题，推动实现生态环境资源化、产业经济绿色化，提升环保产业可持续发展能力，促进生态环境高水平保护和区域经济高质量发展。

8.4 小结

8.4.1 存在的问题

环保 PPP 项目资金利用效率有待提高。环保 PPP 项目投融资机制不断完善，资金投入不断增加，有利于 PPP 项目的发展。但是实施、管理过程中经常出现信息不对称问题，降低了项目实施效果与资金使用效率。政府与企业的沟通合作是顺利完成项目的基础，任何的信息交流失误，都将影响项目的执行。目前，政府在项目实施过程中扮演着监督者的角色，一方面监督企业实施项目，另一方面无法及时参与项目，导致部分项目实施不顺畅，影响进度，浪费资金。

环境污染第三方治理平台建设不足。企业在环保方面的知识、资源有限，依靠自身的力量难以找到合适的第三方治理机构，往往既耗时又难以达到目的。通过政府引导的环境污染第三方治理平台，在专业人员的帮助

138

下，可以很好地选择适合自身的治理机构，减少成本，提高治理效率。但是目前，环境污染第三方治理平台处于发展阶段，采用此平台的地区较少，仍有相当多地区未采取有效措施规避选择第三方治理机构的风险。

EOD 模式发展方向与模式有待明确。EOD 模式将生态环境质量与社会经济相连接，预支生态环境改善后的经济效益治理生态环境污染，具有广阔的前景，可以从根本上解决困扰生态环境治理的资金问题。但是，由于其为今年新政策，在模式、资金安排等细节上均存在很多问题，需要在实施过程中总结与完善。

8.4.2　发展方向

理顺环保 PPP 项目体制机制。完善政府与企业的合作机制，明确政府与企业在管理 PPP 项目中的角色与参与情况，减少因角色混乱而导致的效率低下。畅通信息沟通机制，提高项目执行的信息披露效率，降低沟通成本。

建设环境污染第三方治理平台。建设完善治理平台，发挥平台的信息共享与专业指导功能。一是增强专业指导，建立帮扶机制，对平台企业提供一对一的环境治理分析与建议，推荐相应治理机构，全过程提供咨询服务。二是增加入驻平台的治理机构数量。保证入驻企业能够找到合适的治理机构，并可以开展积极对话。三是提高治理机构的治理水平。通过检测与培训，不断提升治理机构的业务水平，提高环境污染治理能力。

推动对 EOD 模式的深入探索。做好跟踪评估试点项目，不断解决试点项目存在的资金、生态环境治理、经济效益等制约 EOD 实施的突出问题。总结相应的 EOD 模式与试点措施，提高 EOD 模式的适应性与发展活力。制定相应政策，明确 EOD 实施过程中的各类模式与手段。

9

环境与贸易政策

由于全球经济的快速发展以及复杂多变的国际经济政治形势，生态环境问题对经济贸易的影响日益凸显。2020 年，中国—欧盟投资协定首次将可持续发展纳入投资关系，固体废物进口管理制度改革取得重大进展，禁止进口固体废物取得明显成效。

9.1 多边和双边自贸协定

中国—欧盟投资协定首次将可持续发展纳入投资关系。2013 年 11月，中国与欧盟领导人联合发表了《中欧合作 2020 战略规划》，并宣布启动中欧投资协定谈判。2018 年 11 月，经过 19 轮磋商、12 次会间会，双方对文本中投资自由化和投资保护的部分重要条款达成一致，对投资市场准入方面的清单出价进行实质性谈判。2020 年 12 月，进行第 35轮谈判，双方最终就文本和清单遗留问题取得积极进展。2020 年 12 月，历经 7 年，共计 35 轮磋商及 12 次会间会，中欧领导人共同宣布，中欧投资协定实质性谈判结束。由于中方一贯重视可持续发展问题，包括环境保护、劳动者权益保护，践行新发展理念和以人民为中心的发展思想，而且与经贸有关的环保、劳工议题已成为近年来国际经贸协定的重要特征，中欧投资协定（CAI）首次将可持续发展纳入投资关系。协定对与投资有关的环境、劳工问题作出专门规定，并建立执行机制，以高度透明和民间社会参与的方式解决分歧。中国承诺在劳工和环境领域，不以降低保护标准来吸引投资，不为保护主义目的使用劳工和环境标准，并遵守有关条约中的国际义务。中国将支持公司履行企业社会责任。在环境和气候方面，双方承诺有效执行《巴黎协定》，以应对气候变化。

在《全面与进步的跨太平洋伙伴关系协定》中的环境承诺对我国环保工作提出挑战。《全面与进步的跨太平洋伙伴关系协定》（以下简称CPTPP）是美国退出 TPP 协定后，其他 11 个成员国签订的区域自贸协定。我国领导人在亚太经合组织领导人非正式会议上宣布：中方积极考虑加入该协定。从环境保护的角度来看，CPTPP 的环境章节继续维持了 TPP 环境专章的规定和内容。CPTPP 环境章节以"大环境"概念为基础，涉及臭氧层保护、保护和可持续利用生物多样性、海洋环境保护、渔业、环境产品和服务、低碳转型等诸多与贸易密切相关的环境领域问题，且涉及生态环境部、商务部、自然资源部、农业农村部、公安部、国家气象局和财政部等多部门职能。同时，对信息公开、公众参与、正当程序下的我国现有的环境管理和监督具有一定的挑战。

9.2 禁止进口固体废物

固体废物进口管理制度改革继续取得重大进展。自 2017 年国务院办公厅印发《禁止洋垃圾入境推进固体废物进口管理制度改革实施方案》（以下简称《改革实施方案》）以来，生态环境部会同海关总署等 14 个部际协调小组成员，坚定不移地推进改革落地见效。《改革实施方案》细化的 50 项重点任务均已按计划完成或持续推进。2020 年 9 月 1 日起

实施的新修订的《中华人民共和国固体废物污染环境防治法》明确规定："国家逐步实现固体废物零进口。"2020 年 11 月，生态环境部联合商务部、国家发展改革委、海关总署发布《关于全面禁止进口固体废物有关事项的公告》，明确自 2021 年 1 月 1 日起，我国禁止以任何方式进口固体废物。

禁止进口固体废物取得明显成效。2020 年，是洋垃圾禁令收官之年，固体废物进口量大幅减少。自《改革实施方案》印发以来，2017 年、2018 年、2019 年，全国固体废物进口量分别为 4 227 万 t、2 263 万 t 和 1 348 万 t，与改革前 2016 年的 4 655 万 t 相比，分别减少 9.2%、51.4% 和 71%。截至 2020 年 11 月 15 日，全国固体废物进口总量为 718 万 t，较 2019 年同期减少 39.3%，较 2016 年减少 84.6%，政策执行效果显著，完成了"2020 年年底基本实现固体废物零进口"的目标。

海关总署"蓝天 2020"专项成效显著。"蓝天 2020"共开展两轮专项行动，海关总署在天津、山东、福建等 9 个省（市）同步开展集中查缉抓捕行动，打掉涉嫌走私犯罪团伙 64 个，查证废矿渣、废五金、污油水等走私废物 146.64 万 t。通过持续强化监管、高压严打、综合治理等措施，禁止洋垃圾入境工作成效明显。海关总署统计数据显示：固体废物进口总量大幅下降，由 2018 年的 2 263 万 t 下降至 2019 年的 1 348 万 t，2020 年 1—10 月申报进口 669 万 t，同比下降 42.7%。侦办的涉嫌走私废物犯罪案件数量逐年减少，由 2018 年的 481 起下降至 2019 年的 372 起，2020 年 1—10 月共计 180 起，较 2019 年同期下降 43.2%。这表明，我国禁止洋垃圾入境严管严打常态化机制基本形成，综合治理效能不断提升，国际执法合作进一步深化。

10

环境资源价值核算政策

　　环境资源价值核算政策是生态文明体制改革的基础性制度。2020年，第二个全国生态产品价值实现机制试点城市实施落地，多地推进自然资源资产负债表试填试点，生态环境资产核算工作取得新突破，向标准化、制度化方向迈进，环境损害赔偿制度进一步健全，推动环境资源价值核算政策体系深入实施。

10.1　生态产品价值形成机制试点

　　丽水市生态产品价值形成机制试点取得新突破。丽水市持续建立健全生态产品价值核算指标体系，继印发全国首个市级《生态产品价值核算技术办法（试行）》，2020 年 4 月出台全国首个《生态产品价值核算指南》地方标准。经核算，2019 年丽水市生态系统生产总值（GEP）为5 314.24 亿元，按可比价计算，比 2018 年增长 3.71%。同时，丽水市不断建立健全生态产品价值转化政策体系，创新推出与生态产品价值核算、生态信用评价挂钩的"生态贷"等生态金融产品，2020 年，"生态贷"等贷款余额超 190 亿元。丽水市政府与宁波市政府合作设立"生态

基金"，重点投资丽水市生态产业培育等重大项目建设，首期规模为 8 亿元。为增强生态物质产品抵御自然灾害能力，推出全国首创的食用菌种植、雪梨花期气象指数等"生态保险"产品，2020 年已实现保额 1.1 亿元。全国首个覆盖全区域、全品类、全产业的农业区域公用品牌"丽水山耕"，2020 年销售额突破 106 亿元，平均溢价率 30%。以"丽水山景"为主打品牌，加快发展全域旅游。到 2020 年，累计创成 4A 级景区镇 31 个、3A 级景区村 99 个。建立健全生态产品价值实现考评体系，将生态产品价值实现工作纳入干部离任审计内容，把 GEP 增长率、GDP 增长率、GEP 向 GDP 转化率、GDP 向 GEP 转化率 4 个方面 30 项指标列入市委、市政府对各县（市、区）、丽水经济技术开发区年度综合考核指标体系，为生态产品价值实现提供制度保障。

抚州市开展生态产品价值实现机制试点工作。2020 年 1 月，江西省人民政府办公厅印发《抚州市生态产品价值实现机制试点方案》，加快将抚州市生态优势转化为经济优势，全面开展生态产品价值实现机制试点工作。作为继浙江丽水之后的第二个全国生态产品价值实现机制试点城市，抚州银保监分局探索"点绿成金"的金融实现路径，助推生态产品价值实现机制试点工作，使其向纵深发展。截至 2020 年 9 月底，抚州辖区内银行业机构支持生态产品价值实现贷款余额为 153.15 亿元，较年初增加 95.76 亿元，增长 166.86%，其中"两权"抵押贷款余额为 55.1 亿元，较年初增长 285.31%，有效支持了抚州市绿色产业的发展。通过"信易贷"助力"信用+多种经营权"抵押贷款，银行业机构通过信易贷平台获取融资客户信用状况等信息，实现"线上对接，线下服务"，提高"信用+多种经营权"抵押贷款的审批发放效率。目前，辖区内 23 家银行业机构全部入驻平台，已成功发放贷款 45 笔、金额 6.76 亿元，正在对接 20 笔、意向金额 24.83 亿元。大力支持生态旅游发展，探索传统村落金融服务模式。金融对接签约仪式中，各银行业机构共签订合作框架协议及项目 11 个，签约授信金额达 29.95 亿元。同时，创新开展以古建筑房产抵押的"古村落金融"贷款，发放古村落租赁权、经营权抵押贷款等。

安徽省大力拓宽林业融资渠道。安徽省加快推进林权收储担保。2020 年 4 月，安徽省林业局、省地方金融监督管理局、中国银保监会安徽监管局出台《关于加快推进林权收储担保的指导意见》，部署推进全省林权收储工作，拓宽林业融资渠道。旌德县落实《关于全面推行林长制的意见》的要求，率先推行林长制改革，建立智慧林长信息平台，通过野外利用太阳能板为室外阅读器供电，建立基站 4 个，对 87 株野生映山红和 27 株华东楠植入有源 RFID 芯片；率先在全省试点发放林地经营权证，核发森林、林木和林地经营权证 52 本，证载经营面积 1.26 万亩；在全省率先开展"五绿兴林·劝耕贷"业务，为 40 户林业适度规模经营主体提供担保贷款 3 070 万元。截至目前，累计完成林权抵押融资 4.9 亿元，贷款余额 1.5 亿元。宣城市开展集体林权制度改革以来，林权发证率达 98.8%，广大林农获得了林地的自主经营权。作为国家集体林业综合改革试验区，宣城市大力推进林权收储中心建设，全市七个县（市、区）均成立了国有性质的林权收储中心，通过发挥林权收储中心抵押担保、托底收储、经营升值等功能，大大降低了银行业金融机构林权抵押贷款风险，增强了银行放贷信心。2019 年，宣城市林权抵押贷款余额达 16.9 亿元。

贵州省推进 5 个县（市）市生态产品价值实现机制试点。2020 年 6 月，贵州省确定遵义市赤水市、毕节市大方县、铜仁市江口县、黔东南州雷山县和黔南州都匀市 5 个县（市）为省级生态产品价值实现机制试点。试点县（市）围绕打通"两山"转化通道，探索政府主导、企业和

社会各界参与、市场化运作、可持续发展的生态产品价值多元化实现路径。制定生态系统生产总值（GEP）核算技术规范，编制试点县（市）GEP核算报告，制定生态产品价值实现机制试点方案，在全省形成一套科学合理的生态产品价值核算评估体系，形成具有良好示范效应的多元化生态产品价值实现模式。

10.2 自然资源资产负债表试点

推进全民所有自然资源资产负债表试填工作。2019年4月，中共中央办公厅、国务院办公厅印发的《关于统筹推进自然资源资产产权制度改革的指导意见》明确提出："研究建立自然资源资产核算评价制度，开展实物量统计，探索价值量核算，编制自然资源资产负债表。"为切实推进负债表编制工作，自然资源部在湖南、湖北、河北、江苏、青海等12个省（区）开展全民所有自然资源资产负债表试填工作，旨在进一步验证报表体系的合理性、技术方法的可行性和编制成果的有用性。河北省承德市围场县、唐山市曹妃甸区、邢台市沙河市开展全民所有自然资源资产负债表试填工作，其中邢台市印发《自然资源资产负债表试编制度（试行）》和《邢台市自然资源资产负债表编制工作实施方案》，积极推进自然资源资产负债表编制工作。江苏省印发《关于开展全民所有自然资源资产负债表试填工作的通知》，在连云港市连云区、东海县开展试填工作。青海省印发《关于做好全民所有自然资源资产清查和负债表试填数据管理工作的通知》，祁连县、湟源县分别开展了全民所有自然资源资产清查试点和负债表试填工作，验证清查、负债表试填的技术路线和报表体系。

内蒙古自治区继续推进探索自然资源资产负债表编制工作。内蒙古自治区印发《自然资源资产实物量平衡表编制制度（试行）》和《自然资源资产实物量平衡表表式（2020）》，推动自治区持续深入探索自然资源资产负债表编制工作。呼伦贝尔市是自治区级自然资源资产负债表编制试点地区、国家开展编制自然资源资产负债表五个试点地区之一。2018 年，鄂温克旗被选为国家县级自然资源资产负债表编制试点地区。这样，两级三试点工作均已顺利完成，基本摸清了市、县两级编制自然资源资产负债表所需的制度条件、技术条件、经费条件和人员条件，并继续深入推进自然资源资产实物量变动表编制工作。鄂尔多斯市构建起以自然资源资产负债表编制为核心的生态文明建设"7116"工作格局，贯彻《内蒙古自然资源资产实物量平衡表编制制度（试行）》要求，细化各部门编表工作任务，建立部门联动的工作机制，完成自然资源资产实物量平衡表编制工作。

四川省首个自然资源资产负债表通过评审。2020 年 9 月，四川省首个自然资源资产负债表《蒲江县自然资源资产负债表》编制完成，并通过专家评审。该负债表基本摸清了蒲江县土地资源、森林资源和水资源产存量、流量和负债情况，构建了蒲江县自然资源资产审计评价指标体系，为蒲江县开展领导干部自然资源资产离任审计和生态文明绩效考核提供了信息基础和决策参考。蒲江县自然资源资产负债表编制有利于摸清自然资源资产"家底"，以及核算周期内自然资源存量及其质量的变化情况。负债表系统披露了自然资源存量和流量信息，全面反映了自然资源在开发利用过程中的资源增减、环境损益和生态修复与破坏情况。根据负债表核算结果，四川省需强化区域保护，加强川西林盘保护与修复力度，对马尾松实行"挂牌保护"制度；依托良好的生态本底和生态产品，抢抓成渝地区双城经济圈建设机遇，持续提升蒲江丑柑、蒲江猕猴桃、蒲江雀舌等特色农产品的品牌价值。

云南省开展全民所有自然资源资产负债表编制试点。云南省以昆明

市五华区、曲靖市富源县、西双版纳傣族自治州景洪市、迪庆藏族自治州香格里拉市为试点，开展自然资源资产清查、自然资源资产负债表编制、自然资源资产产权制度完善等工作，形成既满足国家要求又符合地方实际、在全省可推广、可复制的试点经验。同时，用两年左右的时间逐步形成全省全民所有自然资源资产管理"一份家底、一本台账、一套制度"，通过系统平台为相关部门提供信息服务，为编制自然资源资产报告并向人大作专题报告，为领导干部自然资源资产离任审计、环境影响评价、推进生态补偿等提供支撑保障。

10.3 生态环境资产核算

生态系统生产总值核算技术方法实现突破。为建立生态效益评估机制，促进优质生态产品供给能力，指导和规范陆地生态系统生产总值核算工作，提高陆地生态系统生产总值功能量与价值量核算的科学性、规范性和可操作性，2020 年 10 月，生态环境部综合司组织生态环境部环境规划院和中国科学院生态环境研究中心完成了《陆地生态系统生产总值核算技术指南》。该指南以生态系统服务价值评估研究的最新成果为基础，借鉴联合国制定的实验性生态系统核算方法，参考原国家林业局编制的森林生态系统服务功能评估规范、湿地生态系统服务评估规范、荒漠生态系统服务评估规范等国内外相关研究成果，构建了陆地生态系统生产总值核算的体系框架。随后，生态环境部环境规划院编制出台了《绿色 GDP（GGDP/EDP）核算技术指南（试用）》和《经济生态生产总值（GEEP）核算技术指南（试用）》，与《陆地生态系统生产总值核算技术指南》形成 EDP-GEP-GEEP 核算技术指南系列，并在此基础上完成了 2004—2019 年连续 16 年的 GGDP/EDP 核算、2015—2019 年连续 5 年的 GEP 核算和 GEEP 核算，覆盖全国 31 省（区、市）和 337 个地级以上城市。生态环境部环境规划院推出的三个核算技术指南和连续 16 年的核算实践，为地方和部门践行习近平生态文明思想、建立生态产品价值实现机制提供了核算基本方法和实践案例借鉴。

生态系统生产总值核算工作取得新进展。在技术指南的核算体系下，以生态环境部环境规划院为主的技术组已完成 2004—2019 年共 16 年的中国环境经济（绿色 GDP）核算、2015—2019 年的生态系统生产总值（GEP）核算和 2015—2019 年经济生态生产总值（GEEP）核算，系统评估了我国生态文明建设和生态环境保护成果成效。核算表明，2015—2019 年，我国 GEEP 从 119.3 万亿元增长到 156.0 万亿元，年均增速 6.9%；绿色 GDP 从 66.9 万亿元增长到 97.0 万亿元，年均增速为 9.8%；GEP 从 70.6 万亿元增长到 92.1 万亿元，年均增速为 6.9%。我国环境退化成本呈现先增加后降低的趋势，绿色 GDP 和 GDP 同步增加。2019 年，我国 GEP 为 92.1 万亿元，其中湿地生态系统价值最高，占比 66.4%；GEEP 为 156.0 万亿元，是当年 GDP 的 1.6 倍；绿金指数为 0.94，生态产品初级生产率持续增加。

浙江省生态系统生产总值核算工作由试点走向标准化。2020 年 9 月，浙江省发布全国首部省级生态系统生产总值（GEP）核算标准《生态系统生产总值（GEP）核算技术规范——陆域生态系统》，经过丽水市两年多的试点探索，浙江 GEP 核算正式从试点走向省域标准化。GEP 核算标准涵盖了生态产品功能量核算方法、生态产品功能量定价方法、生态产品价值量核算方法、核算质量控制和核算成果汇总等 10 个部分内容，并对生态产品类别、GEP 核算公式、GEP 核算基础数据要求进行了说明。核算标准充分彰显浙江特色，在核算指标体系方面，将负氧离子、景观价值等科目纳入核算可选项中，构建了一套充分反映浙江省自然生态特点的指标体系；在数据支撑方面，研究制定了精准的本地化数据清单，探索拓展了多部门、多源数据的融合路径，使核算方法更加符合实际；在定价方面，构建了基本体现浙江经济发展水平的定价体系。浙江全省各地将加快推进 GEP 核算及应用工作，重点推进 GEP 核算成果进规划、进考核、进政策、进项目，更好地发挥标准引导作用。

内蒙古自治区首次核算出全区生态价值。内蒙古自治区生态产品总值（GEP）核算结果显示，2015—2019 年，内蒙古 GEP 总值从 3.94 万亿元增长到 4.48 万亿元，增长了 13.75%，生态环境保护成效显著。2019 年，内蒙古 GEP 总值约为 4.48 万亿元，其中物质产品总值为 3 125.30 亿元，占 GEP 总值的 6.98%；调节服务产品总值为 33 727.90 亿元，占 75.35%；文化服务产品总值为 7 907.55 亿元，占 17.67%。2019 年，内蒙古森林覆盖率提高到 22.1%，较 2013 年提高了 1.07 个百分点；草原综合植被盖度达到 44%，比 2012 年提高了 4 个百分点；全区荒漠化和沙化土地面积连续多年保持"双减少"，森林覆盖率、草原植被盖度保持"双提高"。内蒙古自治区的 GEP 是 GDP 的 2.6 倍，充分说明内蒙古的生态功能远远大于生产功能。

深圳市正式实施生态产品价值核算统计报表制度。2020 年 10 月，《深圳市生态产品价值（GEP）核算统计报表制度（2019 年度）》经统计部门批准后正式实施，这是目前我国第一份正式批准实施的生态产品价值（GEP）核算统计报表制度，共有 48 张表单，200 余项数据，涉及 14 个数据采集部门，充分规范了生态产品价值核算数据来源、调查频率及报送要求，确保了核算数据的稳定性和准确性。2014 年，深圳市盐田区率先在全国开展城市生态服务价值核算，将城市生态功能价值化，建立生态资源账本。深圳市组织开展了 2010 年、2016 年、2017 年和 2018 年生态产品价值（GEP）试算，每年采集 10 余个相关部门 130 余项社会经济数据，并对深圳陆域生态系统的 200 多个植物样地、150 多条动物样线、68 个红树林湿地样地等进行现场调查。在此基础上，深圳构建了适用于高度城市化地区的生态产品价值（GEP）核算体系。设置了物质产品服务、调节服务、文化服务 3 个一级指标，洪水调蓄、水源涵养、交通噪声消减、海岸带防护、气候调节等 14 个二级指标，对深圳陆域生态产品价值（GEP）进行核算，核算体系已作为城市实践案例纳入相关在研的国家标准。深圳市生态环境局联合相关单位上线全国首个城市生态系统服务价值自动核算平台。《深圳市生态产品价值（GEP）核算统计报表制度（2019 年度）》实施后，可与自动核算平台配套使用，智能化、规范化地核算生态资源价值，评估生态环境的保护成效。

10.4 环境损害赔偿

国家层面出台生态环境损害鉴定评估新标准。2020 年 12 月，生态环境部和国家市场监督管理总局联合发布了《生态环境损害鉴定评估技术指南　总纲和关键环节　第 1 部分：总纲》《生态环境损害鉴定评估技术指南　总纲和关键环节　第 2 部分：损害调查》《生态环境损害鉴定评估技术指南　环境要素　第 1 部分：土壤和地下水》等 6 项标准，自 2021 年 1 月 1 日起实施。此次标准制定工作对总纲作了进一步细化和完善，主要包括：明确了基线的确定方法，修订了生态环境损害的确认条件，完善了损害价值量化、恢复方案制定等要求，充分考虑了历史数据和对照数据的时间和空间变异，统一了基线的取值原则和方法，明确了环境价值评估方法的先后次序，增强了技术标准体系的协调性和规范性，从而建立起统一的、覆盖全部生态环境要素和鉴定评估环节的技术标准体系。

加强对地方环境损害赔偿制度改革的指导和支持。2020 年 4 月，生态环境部办公厅印发《生态环境损害赔偿磋商十大典型案例》，在全国试行开展生态环境损害赔偿制度改革工作中提取典型案例，涉及非法倾倒、超标排放、交通事故与安全事故次生环境事件等多种情形，覆盖了大气、地表水、土壤与地下水等环境要素，为探索生态环境损害赔偿机制提供了较好的实践借鉴。2020 年 9 月，生态环境部、司法部、财政部、自然资源部等 11 部门印发《关于推进生态环境损害赔偿制度改革若干具体问题的意见》，在总结地方实践经验基础上，就责任部门与机构、案件线索、索赔启动、生态环境损害调查、鉴定评估、赔偿磋商等 18 个方面对生态环境损害赔偿制度改革提出指导意见。

地方积极出台环境损害赔偿制度改革实施方案。根据中共中央办公厅、国务院办公厅印发的《生态环境损害赔偿制度改革方案》，各地方结合实际出台制度改革实施方案。2020 年 11 月，上海市委办公厅、市政府办公厅联合印发的《上海市生态环境损害赔偿制度改革实施方案》出台后，《浦东新区生态环境损害赔偿制度改革实施方案》《徐汇区生态环境损害赔偿制度改革实施方案》等县区级实施方案相继出台，逐步构建起责任明确、运行畅通、机制规范、保障有力、赔偿到位、修复有效的生态环境损害赔偿制度。西藏自治区拉萨市、江苏省镇江市、陕西省商南县等地出台生态环境损害赔偿制度改革实施方案，以国家方案为指导，结合地方实际，做好省、市方案有机衔接，强化生态环境损害者环境保护法律责任，细化生态环境损害赔偿具体情形。

10.5 小结

环境资源价值核算政策体系的完善和落实健全了自然资源统计调查制度，使我们进一步摸清了自然资源资产的"家底"及其变动情况，为完善对资源消耗、环境损害、生态效益的生态文明绩效评价考核，建立责任追究制度提供了信息基础。全国生态产品价值实现机制试点将进一步落地和推广，同时推动自然资源资产负债表和生态环境资产核算的实际应用，将 GEP 核算纳入地方生态环境底数核查的重要制度，推动各地方环境损害赔偿制度改革，为推进生态文明建设和绿色低碳发展提供信息支撑、监测预警和决策支持。

10.5.1 存在的问题

生态产品价值实现机制建设仍存在短板。生态产品评价技术和核算体系尚未形成，生态服务市场交易制度、生态转移支付制度、环境污染责任保险等促进生态价值实现的制度尚不完善，缺乏科学依据。目前，我国各地区生态产品价值核算指标与方法尚未统一，绝大部分地区侧重于自然生态系统价值，对生态产品价值核算指标的赋值理论、方法和统计还存在较大争议。未建立产权归属清晰、开发保护权责明确、监督管理有效的自然资源资产产权制度，自然资源所有者缺位、所有权边界模糊等问题比较突出[①]。

生态系统生产总值核算的应用不足。当前我国的 GEP 核算工作主要以省为单位，小尺度核算工作较为滞后，在科学决策方面需要更加重视小尺度区域的 GEP 核算，进而为区域可持续发展提供科学依据。GEP 核算的基础数据不足，且缺乏常态化机制。遥感技术能够为国家等大尺度区域的 GEP 核算提供数据支持，但尚未系统积累中小尺度的生态系统监测数据，现有的监测数据采集频度普遍较低、时间序列较为分散。应用 GEP 核算成果的科学决策不多，宣传普及度不高，区域 GEP 核算开展较少且未形成常态化，政府难以应用相关成

① 陈清，张文明. 生态产品价值实现路径与对策研究[J]. 宏观经济研究，2020（12）：133-141.

果因地制宜地进行科学决策，难以对地方政府领导干部的环境绩效进行科学量化考核。

生态环境损害赔偿面临多方挑战。现有规定明确，省级、地市级政府作为本行政区域内生态环境损害赔偿权利人，但在实际发生在地市级以下、金额不高、污染责任主体愿意主动赔偿的案件，往往因缺少基层赔偿权利人，无法纳入生态环境损害赔偿磋商机制，影响被污染环境的及时修复。环境公益诉讼中，基层司法实践中相关配套机制尚未建立，不能做到信息及时共享，现有磋商仅停留在个案沟通层面，制约了环境司法在推进生态环境保护方面的作用。

10.5.2　发展方向

加快推进自然资源产权制度改革。完善自然资源产权体系，全面推进自然资源有偿使用，健全自然资源市场，促进经营性自然资源流转交易，通过价格机制发现生态产品的经济价值和生态价值，实现直接有效转化。明确自然资源产权归属，厘清主体权责，促进公益性自然资源有效保护，通过补偿或赔偿机制发现生态产品的生态价值，间接实现生态价值向经济价值的有效转化。

完善生态产品价值评估体系。提高对专业生态产品评估机构的支持力度，深化生态产品价值评估技术标准和方法研究，建立类型完备、标准清晰、方法科学、范围广泛的生态产品价值评估体系，与国际通行的价值评估技术标准接轨，全面提升我国生态产品价值评估机制的科学水平。注重生态产品价值收益公平分配，生态产品价值转化后取得的收益须实现利益共享，优先发展有利于提升当地就业的生态项目，综合运用产品、市场、金融等手段，拓展价值实现的渠道和途径。

健全生态环境损害赔偿机制。依照中央及省级生态环境损害赔偿制度改革方案，加快建立县及区镇人民政府生态环境损害赔偿工作机制，明确基层赔偿权利人主体的合法性，破解基层因赔偿权利人缺失而无法独立进行生态环境损害赔偿磋商的被动局面。建立政府与检察机关之间生态环境损害案件的信息共享协作平台，对符合启动条件的案件，检察机关征求相关政府及职能部门意见，督促其启动生态环境损害赔偿程序。

11

行业环境经济政策

国家越来越强调分行业精细化管理，逐步加大行业环境政策的研究制定和实施力度，从名录式、清单式行业环境管理应用工具，到推进重点行业水效、能效、环保领跑者制度实践，到绿色供应链，再到环境信息强制性披露及信用体系建设，从国家到地方都进行了一系列的政策探索，并实现制度落地，积极推进了工业行业的环境差别管理、市场手段高效应用和监督监管精准施策，有效强化了工业行业的节能减排、污染治理。

11.1 环境保护综合名录

完成《环境保护综合名录（2020 年版）》（征求意见稿）。本次新版名录筛选论证时，以推动经济高质量发展、构建市场导向的绿色技术创新体系和绿色生产和流通体系为主要目标，包含多项精准服务于大气环境治理等重点环保任务的产品与工艺，包含多种具有毒性强且持久、严重破坏人体与生态健康、出口占比高、近年来产能产量增速较快等特征的"双高"产品。

《石化绿色工艺名录（2020 年版）》发布。2020 年版名录较 2019 年版新增 7 个条目、10 项工艺，总共 30 个条目。这 10 项新入选的绿色工艺涉及生物化工、煤化工、氟化工、无机化工、有机化工等领域，分别为氟硅酸制无水氢氟酸联产白炭黑生产工艺、环氧树脂分段反应及闭路循环工艺、复合固体酸催化连续合成 2,2,4-三甲基-1,2-二氢化喹啉聚合体（TMQ）工艺、井下循环制碱工艺、离子液体催化耦合精馏生产醋酸酯工艺、弱碱钾盐双循环 D,L-蛋氨酸生产工艺、多级多段静态混合硫酸烷基化工艺、生物法制备长链二元酸工艺、二甲基二氯硅烷浓酸水解工艺、水煤浆水冷壁直连废锅煤气化工艺（表 11-1）。该名录的修订严格遵循先进性、产业化、宜推广的要求，筛选增补的工艺在产品品质、能耗、物耗、"三废"产生、工艺安全等方面具有显著优势，行业推广价值较大。该名录采用了环保综合名录的大部分环境友好工艺，拓宽了环保综合名录的应用领域。

表 11-1　石化绿色工艺名录（2020 年版）

1. 半水-二水法/半水法湿法磷酸工艺
2. 酰胺类除草剂甲叉法生产工艺/咪唑啉酮类除草剂酯法生产工艺
3. 吡啶双定向氯化合成法三氯吡啶酚钠（三氯吡啶醇钠）工艺
4. 环合无磷氯化制 2-氯-5-氯甲基吡啶/吗啉丙醛法 2-氯-5-氯甲基吡啶工艺
5. 直接氧化法环氧丙烷/共氧化法环氧丙烷工艺
6. 甘油法环氧氯丙烷工艺
7. 干法脱氯化氢法生产氯化苯/对二氯苯/1,2,4-三氯苯工艺
8. 苯定向氯化-吸附分离生产间二氯苯/2,4-二氯苯乙酮工艺
9. 异丁烯/叔丁醇氧化法甲基烯丙醇/甲基丙烯酸甲酯生产工艺
10. 环己酮肟气相重排生产己内酰胺工艺
11. 全封闭高压水淬渣及无二次污染磷泥处理黄磷生产工艺

12. 铬铁碱溶氧化制重铬酸盐工艺/离子膜电解制铬酸酐工艺

13. 气动流化塔连续液相氧化法高锰酸钾/铬盐生产工艺

14. 无水氟化铝生产工艺/氟硅酸制无水氢氟酸联产白炭黑生产工艺

15. 转炉焙烧-热化塔溶浸-列管制硫化钠/薄膜蒸发制硫化钠工艺

16. 高热稳定性不溶性硫黄连续法工艺技术

17. 氯化法钛白粉生产工艺

18. 无汞化（乙烯法/无汞电石法）聚氯乙烯/乙烯法醋酸乙烯生产工艺

19. 微通道自动化生产工艺

20. 连续式干法过碳酸钠生产工艺

21. 气固相法氯化高聚物生产工艺/环氧树脂分段反应及闭路循环工艺

22. 无水催化后氯化法生产 2,4-二氯苯氧乙酸（2,4-D）工艺

23. 贵金属催化氢化法合成对苯二胺类防老剂 6PPD 工艺/复合固体酸催化连续合成 2,2,4-三甲基-1,2-二氢化喹啉聚合体（TMQ）工艺

24. 井下循环制碱工艺

25. 离子液体催化耦合精馏生产醋酸酯工艺

26. 弱碱钾盐双循环 D,L-蛋氨酸生产工艺

27. 多级多段静态混合硫酸烷基化工艺

28. 生物法制备长链二元酸工艺

29. 二甲基二氯硅烷浓酸水解工艺

30. 水煤浆水冷壁直连废锅煤气化工艺

《禁止进口货物目录（第七批）》和《禁止出口货物目录（第六批）》发布。这是 2020 年 12 月，商务部、海关总署和生态环境部发布的 2020 年第 73 号公告，自 2021 年 1 月 1 日起实施。该目录是为了履行《关于持久性有机污染物的斯德哥尔摩公约》《关于汞的水俣公约》，依据《中华人民共和国对外贸易法》《中华人民共和国货物进出口管理条例》而

制定的。该目录包括氯丹、含汞消毒剂、灭蚁灵、五氯苯等 35 类化学品，自 2021 年 1 月 1 日起禁止进出口。

《优先控制化学品名录（第二批）》发布。2020 年 11 月，生态环境部、工业和信息化部、卫生健康委联合印发《优先控制化学品名录（第二批）》。第二批名录收录了包括苯和邻甲苯胺等确定的人类致癌物、全氟辛酸（PFOA）和二噁英等持久性有机污染物，共 18 种/类化学品，涉及石化、塑料、橡胶、制药、纺织、染料、皮革、电镀、有色金属冶炼、采矿等行业。列入该名录的产品将会依法纳入有毒有害大气/水污染物名录、重点控制的土壤有毒有害物质名录等，实施环境风险管理；依法实施清洁生产审核及信息公开；依据国家有关强制性标准和《国家鼓励的有毒有害原料（产品）替代品目录》，对相应的化学品实行限制使用或鼓励替代措施。

11.2 上市公司环境信息披露

推进环境信息依法披露制度改革。近年来，我国高度重视企业环境信息披露工作，《生态文明体制改革总体方案》、党的十九大报告、《关于全面加强生态环境保护　坚决打好污染防治攻坚战的意见》等文件中多次提到建立环境信息强制性披露制度。中央深改委第十七次会议指出：环境信息依法披露是重要的企业环境管理制度，是生态文明制度体系的基础性内容。未来将针对环境信息披露制度存在的突出问题，重点聚焦对生态环境、公众健康和公民利益有重大影响，市场和社会关注度高的企业环境行为，落实企业法定义务，健全披露规范要求，建立协同管理机制，健全监督机制，加强法治化建设，形成企业自律、管理有效、监督严格、支撑有力的环境信息强制性披露制度。

上市公司环境信息披露合规水平仍有较大提升空间。生态环境部环

境规划院等机构综合应用固定源环境守法信息以及强制性披露信息，建立了包含 5 类 11 项指标的上市公司环保合规评价指标体系，选取 170 家上市公司作为评价对象，其母公司属于 2019 年重点排污单位且安装在线监控，并与环保部门联网。评价结果如下：

一是上市公司环保合规情况总体良好，但仍有严重不合规现象。170 家上市公司的环境合规度得分平均分为 80.42 分（满分 100 分，下同），总体环境合规水平良好。但是，仍有 8 家上市公司得分不足 60 分，且最低仅得 46.2 分。二是企业在线监测和排污许可执行情况较差。在 5 项一级指标中，监督性监测、行政处罚和环境信息披露三项指标的得分总体较高，平均分都达到了 90 分以上。但是，在线监测和排污许可两项指标的得分相对较低。其中，在线监测平均分为 66.7 分，主要原因是企业污染物超标次数多、连续超标时间长；排污许可平均分尚不足 50 分，主要原因为相关企业均未通过排污许可平台公开自行监测执行情况。三是企业环境信息披露履行情况极不到位。2019 年，受到生态环境主管部门下达的重大行政处罚的 10 家上市公司中，有 7 家企业未披露任何处罚信息。而在进行披露的 3 家企业中，也存在披露不到位的情况。若以上述 10 家上市公司为评价范围，则重大行政处罚信息披露一项得分仅为 25 分。四是制造业整体合规度较好，但是化学原料及化学制品制造业、纺织业、酒、饮料和精制茶制造业、黑色金属冶炼及压延加工业合规度有待提高。根据证监会行业分类标准，本次 170 家上市公司分布在 8 个行业门类，其中制造业企业数量最多（153 家），合规度平均分为 81.34 分。在制造业门类下，化学原料及化学制品制造业，纺织业，酒、饮料和精制茶制造业，黑色金属冶炼及压延加工业 4 个行业存在得分在 60 分以下的企业。五是环境合规度更好的企业，其资本市场表现也更好。对 30 家合规度得分最高和 35 家合规度得分最低的上市公司进行收盘价对比分析，结果显示，合规度较好的上市公司整体股价明显高于合规度差的企业，且二者差距逐步加大。截至 2020 年 10 月 30 日，合规度较好的上市公司整体股价较合规度差的上市公司整体股价高出近三成。可见，企业积极履行生态环境保护主体责任也会在一定程度上对其经营情况产生促进作用。

11.3 节能节水"领跑者"制度的实施进展与地方实践

积极推进企业标准"领跑者"制度的落实。企业标准"领跑者"制度是以推动企业制定并公开先进引领性标准为手段，助力我国经济高质量发展的一项标准化工作创新。自 2018 年制度实施以来，不仅为消费者提供了产品与服务的标准"领跑者"名单，而且作为选购优质产品和服务的权威指导，显著带动了相关行业标准化工作水平的整体提升。2020 年 8 月 19 日，为贯彻落实《市场监管总局等八部门关于实施企业标准"领跑者"制度的意见》（国市监标准〔2018〕84 号），市场监管总局会同国务院有关部门根据国家相关规划，结合产业发展实际以及有关部门和地方需求，统筹考虑企业标准自我声明公开情况、消费者关注程度、标准对产品和服务质量提升效果，研究制定了《2020 年度实施企业标准"领跑者"重点领域》，发布了将在 2020 年开展企业标准比对评估并最终发布"领跑者"名单的产品或服务领域清单，其中共涉及农业、农副食品加工业、纺织业、木材加工业等 40 个产业类别的 184 个重点领域。这份公告和清单的发布标志着 2020 年企业标准"领跑者"工作的正式启动。相比 2019 年的重点领域，2020 年的重点领域有两个方面的不同：一是引入了《国民经济行业分类与代码》（GB/T 4754—2017）作为依据，相比 2019 年的发布具体产品或服务名称，显然更加规范和科学；二是在范围上明显扩大，2019 年的重点领域覆盖 100 个产品或服

务类别，2020 年以行业分类为依据发布重点领域 184 项，初步测算可覆盖 1 000 余种具体的产品或服务类别；三是新增了包括粮油、农副产品加工等在内的农业领域，新能源汽车、航空设备等高精尖产业，以及快递、互联网数据、金融信息、家政等社会服务性行业，这些都是目前被广为关注，但 2019 年没有涉及的行业。这些新行业和领域的加入使企业标准"领跑者"工作可以为我国各行业的高质量发展提供更加全面和有效的支撑。

推动对标"领跑者"标准。为贯彻落实国务院办公厅《关于深化商事制度改革进一步为企业松绑减负激发企业活力的通知》，以及国家市场监管总局等八部门《关于实施企业标准"领跑者"制度的意见》的部署要求，进一步强化企业标准"领跑者"制度支撑质量强国战略，探索促进产业高质量发展提升的方法路径，推动对标"领跑者"标准，引导企业转型升级，满足消费者对产品和服务的更高需求，中国标准化研究院联合相关行业协会于 2020 年 12 月在北京召开了 2020 年企业标准"领跑者"大会。有关政府部门领导、地方领导及专家、科研院所、学协会、产业界及新闻媒体代表参加会议。中国石化联合会、中国建材联合会等 10 个行业协会携手发声，共同发布百项"领跑者"标准及联合倡议；由 76 家评估机构发布了 2020 年度第一批包括 154 个产品/服务、331 家企业、453 项标准在内的"领跑者"名单；由中国标准化研究院联合相关行业协会、苏宁易购等机构共同开启"2021 年首批'领跑者'团体标准启动仪式"。作为企业标准"领跑者"制度工作机构，中国标准化研究院将认真贯彻高标准引领高质量的方针，持续组织开展企业标准"领跑者"评估工作，发布企业标准排行榜和"领跑者"名单，扩大该制度工作的社会认知度和行业影响力。此次大会聚焦 2020 年国家市场监管总局发布的企业标准"领跑者"重点领域，深入宣传了企业标准

162

"领跑者"制度，回顾了标准化工作改革成效，多维度总结了标准"领跑"助力质量"领跑"的经验做法，使企业标准"领跑"产品成为消费者心目中的好产品；营造了生产看"领跑"、消费选"领跑"的氛围，为"十四五"期间建立高标准供给、支撑质量提升建言献策。下一步，企业标准"领跑者"工作将完善重点领域形成机制，发挥评估机构的主导作用，健全好"领跑者"激励政策，实施好"领跑者"的监督管理，推动"领跑者"标准的国际化步伐，进一步优化企业标准"领跑者"制度，发挥企业标准"领跑者"制度更大的优势和作用。

开展 2020 年重点用能行业能效"领跑者"遴选工作。2020 年 9 月，为促进工业能源利用效率持续提升，推动制造业绿色高质量发展，按照《工业和信息化部　国家发展改革委　国家质检总局关于印发〈高耗能行业能效"领跑者"制度实施细则〉的通知》要求，工业和信息化部、国家市场监管总局决定组织开展 2020 年度重点用能行业能效"领跑者"遴选工作，发布了《工业和信息化部办公厅　国家市场监管总局办公厅关于组织开展 2020 年度重点用能行业能效"领跑者"遴选工作的通知》（工信厅联节函〔2020〕234 号）。按照上述通知要求，工业和信息化部、国家市场监管总局组织开展了钢铁、铁合金、电解铝、铜冶炼、铅冶炼、水泥、平板玻璃、原油加工、乙烯、合成氨、甲醇、烧碱、电石、焦化行业能效"领跑者"遴选工作，遴选出 65 家达到行业能效领先水平的"领跑者"企业，其中钢铁行业烧结工序 2 家、转炉工序 2 家，铁合金行业高碳锰铁 1 家，电解铝行业 1 家，铜冶炼行业 1 家，铅冶炼行业冶炼 1 家、粗铅 1 家、再生铅 1 家，水泥行业 28 家，平板玻璃行业 1 家，原有加工行业 1 家，乙烯行业 2 家，合成氨行业 8 家，甲醇行业煤制甲醇 4 家、焦炉气制甲醇 1 家、天然气制甲醇 1 家，烧碱行业 6 家，电石行业 1 家，焦化行业 2 家。

163

2020 年度坐便器水效"领跑者"产品名单发布。为贯彻落实《国家节水行动方案》（发改环资规〔2019〕695 号），提高用水产品水效，促进节水产品推广，根据《水效领跑者引领行动实施方案》（发改环资〔2016〕876 号）、《坐便器水效领跑者引领行动实施细则》（发改环资规〔2019〕1169 号），开展了 2020 年度坐便器水效领跑者产品遴选工作，并将《2020 年度坐便器水效领跑者产品名单》于 2020 年 5 月予以公告，其中包括单冲式坐便器 4 个型号的产品、双冲式坐便器 16 个型号的产品。自公告之日起，入围产品可使用含有"领跑者"信息的水效标识。入围企业要积极推广水效"领跑者"产品，保障水效"领跑者"产品的生产、市场供应和售后服务，按照承诺要求完成年度推广任务。广大用水产品生产企业要开展对标达标，进一步做好节水产品的研发、生产和推广，持续提升产品用水效率，培育和规范节水产品市场。

开展 2020 年重点用水企业水效"领跑者"遴选工作。为贯彻落实《国家节水行动方案》，促进工业用水效率持续提升，按照《重点用水企业水效领跑者引领行动实施细则》（工信厅联节〔2017〕16 号）要求，工业和信息化部会同水利部、国家发展改革委、国家市场监管总局组织开展了重点用水企业水效"领跑者"遴选工作。综合考虑企业取用水规模、技术工艺水平及发展趋势、节水潜力，以及企业用水计量、节水设备、标准等，2020 年度遴选的对象主要是钢铁、炼焦、石油炼制、现代煤化工、乙烯、氯碱、氮肥、造纸、纺织染整、化纤长丝织造、啤酒、味精、氧化铝、电解铝 14 个行业。经地方和行业协会推荐、专家评审，确定了钢铁、石油炼制、现代煤化工、乙烯、氯碱、氮肥、造纸、纺织染整、化纤长丝织造、啤酒行业为 2020 年度拟入选的水效"领跑者"企业名单，并从中遴选出 30 家具备引领示范和典型带动效应的水效"领跑者"予以公布，其中包括钢铁行业 4 家、石油炼制行业 1 家、现代煤化工行业 2 家、乙烯行业 4 家、氯碱行业 1 家、氮肥行业 3 家、造纸行业 5 家、纺织印染行业 4 家、化纤长丝织造行业 1 家、啤酒行业 5 家。水效"领跑者"企业将使用统一的水效"领跑者"标识。鼓励各省、自治区、直辖市相关部门研究出台支持鼓励政策，广泛开展水效对标达标活动，推动制造业绿色高质量发展。

11.4 绿色供应链

积极推动绿色供应链试点示范。中央重视绿色供应链的发展，商务部等 8 部门公布供应链创新与应用试点第一批典型经验做法，包括推动供应链与现代信息技术深度融合，创新供应链发展新模式，积极布局全球供应链，推动绿色供应链发展，以及提升供应链金融服务科技水平。工信部公布第五批绿色制造名单，其中包括绿色供应链管理企业 99 家。2020 年 9 月，工信部等 6 部门印发《蚕桑丝绸产业高质量发展行动计划（2021—2025 年）》，支持企业建设绿色工厂，打造蚕桑丝绸产业绿色供应链，推动上下游企业共同实现绿色发展。11 月，发布《绿色制造企业绿色供应链管理评价规范》，确立制造企业绿色供应链管理评价的目的和范围、企业基本要求、评价原则及要求、评价流程及评价报告要求。

进一步推动绿色制造体系建设。2020 年 10 月，工信部公布第五批绿色制造名单，包括绿色工厂 719 家、绿色设计产品 1 073 种、绿色工业园区 53 家、绿色供应链管理企业 99 家（表 11-2）。促使各地工业和信息化主管部门加强绿色制造名单与相关产业政策的衔接，充分发挥以点带面的示范作用，引领本地区制造业绿色转型。相比前四批，制造名单均有明显增加，尤其是绿色设计产品类，增加了近 2 倍。

表 11-2 2017—2020 年绿色制造名单

绿色制造	第一批	第二批	第三批	第四批	第五批
绿色工厂	201	208	391	602	719
绿色设计产品	193	53	480	371	1 073
绿色园区	24	22	34	39	53
绿色供应链管理示范企业	15	4	21	50	99

地方积极开展绿色商场创建。2020 年 4 月，陕西省商务厅制定《陕西省绿色商场创建实施工作方案（2020—2022）》，目的是通过创建一批提供绿色服务、引导绿色消费、实施节能减排和资源循环利用的绿色商场，激发商贸流通企业发挥潜力，促进绿色消费，践行低碳环保，推动绿色发展。湖南省商务厅把绿色商场创建作为引导零售企业转型升级、提升品质消费和绿色消费的重要举措。目前，湖南省被商务部认定的绿色商场达到 14 家，省级认定的绿色商场 14 家。

不断健全绿色采购制度。2020 年 10 月，财政部发布《关于政府采购支持绿色建材促进建筑品质提升试点工作的通知》，在南京市、杭州市、绍兴市、湖州市、青岛市、佛山市 6 个试点城市的医院、学校、办公楼、综合体、展览馆、会展中心、体育馆、保障性住房等新建政府采购工程，发挥政府采购政策功能，加快推广绿色建筑和绿色建材应用，促进建筑品质提升和新型建筑工业化发展。6 月，财政部发布《商品包装政府采购需求标准（试行）》《快递包装政府采购需求标准（试行）》，在政府采购货物、工程和服务项目中推广使用绿色包装。

绿色供应链成为"无废城市"建设试点的重要抓手。国务院办公厅发布《"无废城市"建设试点工作方案》，开展绿色设计和绿色供应链建设，推行绿色供应链管理，发挥大企业及大型零售商带动作用，培育一批固体废物产生量小、循环利用率高的示范企业，促进固体废物减量和循环利用。北京经济技术开发区以"无废城市"试点建设构建绿色制造体系。"龙头+技术+标准"持续构建绿色供应链。以区内龙头企业京东方和北京奔驰为主构建了液晶显示器和汽车制造两条完整的绿色供应链。针对中间材料及终端产品，建立起适用于不同类型企业和不同阶段产品的绿色供应体系新标准。京东方作为中间产品的供应企业，通过不断研发绿色产品及技术，建立透明、负责、可持续发展的供应链管理机制，带领链上企业实现与环境的共生发展。京东方参与主持制定了《液晶显示器件 第 2-2-5 部分：电视机用彩色矩阵液晶显示模块详细规范》（SJ/T 11459.2.2.5—2016）、《液晶显示器件 第 2-2-2 部分：显示器用彩色矩阵液晶显示模块详细规范》（SJ/T11 459.2.2.2—2013）等电子行业标准，不断降低全产业链的固体废物产生强度。北京奔驰作为提供终端产品的典型代表，成立了以公司主要领导为核心的专职领导小组，统筹推进绿色供应链创建工作。建立了适用于高端汽车行业的高规格绿色供应商准入标准，制定了严于国家绿色工厂认定标准的北京奔驰绿色认证体系，推动更多的供应链企业建设成为国家级的绿色工厂。目前，已经建立起国内引领汽车制造行业的最严绿色供应链建设体系标准，推动其在经开区内的 12 家供应商全部建设成为绿色供应商，并都已获得 ISO 14001 认证。威海市出台《威海市绿色供应链评价办法》，加快构建绿色制造体系，引导企业向绿色发展转型升级。许昌市对获得国家级和省级绿色制造体系、绿色工厂、绿色园区、绿色设计产品、绿色供应链管理的企业分别给予 100 万元、50 万元奖励。深圳市持续推进绿色供应链认定。

绿色供应链成为减少包装与塑料污染的重要手段。2020 年 1 月，国家发展改革委、生态环境部发布《关于进一步加强塑料污染治理的意见》，提出强化企业绿色管理责任，推行绿色供应链，并开展新型绿色供应链建设、新产品新模式推广和废旧农膜回收利用等试点示范。同年 11 月，国家发展改革委等部门联合印发《关于加快推进快递包装绿色转型的意见》，提出通过推行绿色供应链管理，强化快递包装绿色治理；推动相关企业建立快递包装产品合格供应商制度，鼓励包装生产、电商、快递等企业形成产业联盟，扩大合格供应商包装产品采购和使用比例。同年 8 月，天津市出台《进一步加强塑料污染治理工作实施方案》，提出将在塑料污染问题突出的领域和电商、快递、外卖等新兴领域，形成一批可复制、可推广的塑料减量和绿色供应链模式。

11.5 环境信用

全国环境信用评价工作稳步推进。除了北京市外，共有 30 个省（区、市）开展了企业环境信用评级工作。共有 22 个省（区、市）颁布了有关环境信用评价的规定，其中，山西省在《企业环境信用评价办法（试行）》（环发〔2013〕150 号）（以下简称办法）颁布之前，已经印发了《山西省企业环境行为评价实施办法》。上海市沿用 2009 年印发的《长江三角洲地区企业环境行为信息评价标准（暂行）》。2020 年 1 月，浙江省印发《浙江省企业环境信用评价管理办法（试行）》。广东、云南、青海都直接执行办法规定的评价指标和评价方法，企业环境信用评价政策文件见表 11-3。

表 11-3　企业环境信用评价政策文件一览

区域	政策文件（以最新发布为准）	发布时间
国家	《企业环境信用评价办法（试行）》	2013 年 12 月
河北	《河北省企业环境信用评价管理办法（试行）》	2017 年 11 月

区域	政策文件（以最新发布为准）	发布时间
内蒙古（乌海）	《乌海市企业环境信用评价实施方案（试行）》（未查到自治区级别文件）	2015 年
辽宁	《辽宁省企业环境信用评价管理办法（修订）》	2018 年 1 月
吉林	《吉林省企业环境信用评价方法（试行）》	2017 年 12 月
黑龙江	《黑龙江省企业环境信用评价暂行办法》	2017 年 12 月
江苏	《江苏省企业环保信用评价暂行办法》	2018 年 12 月
安徽	《安徽省企业环境信用评价实施方案》	2017 年 3 月
福建	《福建省企业环境信用动态评价实施方案（试行）》	2018 年 12 月
江西	《江西省企业环境信用评价及信用管理暂行办法》	2017 年 10 月
山东	《山东省企业环境信用评价办法》	2018 年 5 月
河南	《河南省企业环境信用评价管理办法（试行）》	2015 年 9 月
河南	《河南省企业事业单位环保信用评价管理办法》	2018 年 7 月
湖北	《湖北省企业环境信用评价办法（试行）》	2017 年 2 月
湖南	《湖南省企业环境信用评价管理办法》	2015 年 2 月
重庆	《重庆市企业环境信用评价办法》	2017 年 10 月
四川	《四川省企业环境信用评价指标及计分方法（2016 年版）》	未查到原文
贵州	《贵州省企业环境信用评价指标体系及评价办法（试行）》	2018 年 5 月
贵州	《贵州省环境保护失信黑名单管理办法（试行）》	2015 年 10 月
西藏	《西藏自治区企业环境信用等级评价办法（试行）》	2014 年 8 月
陕西	《陕西省企业环境信用评价办法》及《陕西省企业环境信用评价要求及考核评分标准》	2015 年 12 月
甘肃	《甘肃省工业企业环境保护标准化建设暨环境信用评价工作方案（试行）》	2014 年
宁夏	《宁夏回族自治区企业环保信用评价及信用管理暂行办法》	2016 年 10 月
新疆	《新疆维吾尔自治区企业环境信用评价管理办法（试行）》	2018 年 9 月
浙江	《浙江省企业环境信用评价管理办法（试行）》	2020 年 1 月

数据来源：根据《企业环保信用评价政策实施评述》和网上资料整理。

地方环境信用评价实践范围存在差异。四川省将国家重点监控企业、省和市（州）重点监控企业、产能严重过剩行业内企业等 10 类企业，以及火电、钢铁、水泥、煤炭等 17 类重污染行业内企业，191 个产业园区的工业企业，全部纳入企业环保信用评价范围。上海市在评价工作中将参评企业划分为市重点排污单位和年度内有过一定程度环境行政处罚的企业；重庆市共列举了 15 类必须参与评价的企业，其中包括环境影响评价、环境监测等领域的环境服务机构，并鼓励未纳入范围的企业、个体工商户自愿申请参评；吉林、山东、湖南的参评企业则为全省行政区域内的所有企业；河北、内蒙古、江苏、湖北、宁夏将国控、省（区）控和市控重点排污单位全覆盖；河南、新疆还分别将辐射类企业、从事环境服务的企业也一并列入；甘肃则是由省级生态环境部门按年度确定全省参评企业数量，具体企业名单由各市、州生态环境部门确定，企业环境信用评价参评企业范围见表 11-4。

表 11-4　企业环境信用评价参评企业范围

区域	评价范围	区域	评价范围
国家	污染物排放总量大、环境风险高、生态环境影响大的企业	河南	全省国控、省控重点监控企业和辐射类企业
河北	重点排污单位（国家级、省级、市级）以及受到环境行政处罚处理的未在重点排污单位内的企业	湖北	国控、省控、市控重点排污企业
内蒙古（乌海）	区级以上（含）重点监控企业；10 类重点行业企业；上一年度发生较大及以上突发环境事件的企业	湖南	全省范围内企业
辽宁	污染物排放总量大、环境风险高、生态环境影响大的企业；实际操作时，2018 年参评企业范围为火电、造纸、水泥三个行业的相关企业	重庆	污染物排放总量大、环境风险高、生态环境影响大的企业

区域	评价范围	区域	评价范围
吉林	辖区内企业	四川	未查到政策原文，范围未知
黑龙江	重点排污单位	贵州	政策文件中未涉及
江苏	设区的市级以上生态环境主管部门确定的重点排污单位；列入污染源日常监管的单位；纳入排污许可管理的单位；卫生、社会与服务业有污染物排放的单位；产生环境行为信息的单位	西藏	污染物排放总量大、环境风险高、生态环境影响大的 9 类企业
安徽	污染物排放总量大、环境风险高、生态环境影响大的企业	陕西	4 市 202 家国家重点监控企业（2019 年）
福建	污染物排放总量大、环境风险高、生态环境影响大、环境违法问题突出的企业	甘肃	省级环保部门按年度确定全省开展环境保护标准化建设和环境信用评价工作企业的数量，各市、州环保部门按照省级环保部门确定的辖区开展试点企业的数量，具体确定试点企业名单，报省级环保部门审核后，由省级环保部门统一公布，并通报给有关部门
江西	评价年度生态环境部下达的重点排污单位名单所列企业	宁夏	国控、区控重点企业和地方重点企业
山东	本省行政区域内企业	新疆	纳入排污许可管理的排污单位、从事环境服务的企业和其他应当纳入环境信用评价的企业
青海	本省重点排污单位	广东	1 200 家国家重点监控企业（2018 年度）

　　各地积极探索建立企业环保守信激励机制。部分地区探索将环保信用评价与贷款利率、优惠政策等相结合的方法，引导各企业项目以正面典型为榜样，以反面典型为警示。例如，安徽省出台《企业环境信用与绿色信贷衔接办法》，鼓励金融机构对环境信用良好企业提供信贷绿色通道；江苏省开发"环保贷"，对环保信用评价结果良好及以上的企业贷款时，利率上浮不超过 15%。环保信用评价结果越差，贷款利率越高。

171

附　录

附录一　2020 年国家层面出台环境经济政策情况

序号	政策名称	发布部门	发布时间	政策类型	政策来源
1	关于推进矿产资源管理改革若干事项的意见（试行）	自然资源部	2020 年 1 月	综合类政策	http://f.mnr.gov.cn/202009/t20200916_2558075.html
2	关于进一步加强塑料污染治理的意见	国家发展改革委生态环境部	2020 年 1 月	综合类政策	https://www.ndrc.gov.cn/xxgk/zcfb/tz/202001/t20200119_1219275.html
3	关于促进废水可再生能源发电健康发展的若干意见	财政部国家发展改革委国家能源局	2020 年 1 月	综合类政策	http://www.mof.gov.cn/gkml/caizhengwengao/202001wg/202002wg/202005/t20200522_3518760.htm
4	关于印发《生态环境损害赔偿资金管理办法（试行）》的通知	财政部	2020 年 3 月	综合类政策	http://www.mof.gov.cn/gkml/caizhengwengao/202001wg/wg202006/202010/t20201014_603612.htm
5	关于实施 2020 年水产绿色健康养殖"五大行动"的通知	农业农村部	2020 年 3 月	综合类政策	http://www.gov.cn/zhengce/zhengceku/2020-04/01/content_5497877.htm

序号	政策名称	发布部门	发布时间	政策类型	政策来源
6	关于加快推进天然气储备能力建设的实施意见	国家发展改革委 财政部 自然资源部 住房和城乡建设部 国家能源局	2020年4月	综合类政策	https://www.ndrc.gov.cn/xxgk/zcfb/tz/202004/t20200414_1225639.html
7	关于实施生态环境违法行为举报奖励制度的指导意见	生态环境部办公厅	2020年4月	综合类政策	http://www.gov.cn/zhengce/zhengceku/2020-04-27/content_5506469.htm
8	关于稳定和扩大汽车消费若干措施的通知	国家发展改革委 科技部 工业和信息化部 公安部 财政部 生态环境部 交通运输部 商务部 中国人民银行 国家税务总局 银保监会	2020年4月	综合类政策	https://www.ndrc.gov.cn/xxgk/zcfb/tz/202004/t20200430_1227367.html
9	关于印发《医疗废物集中处置设施能力建设实施方案》的通知	国家发展改革委 卫生健康委 生态环境部	2020年4月	综合类政策	https://www.ndrc.gov.cn/xxgk/zcfb/tz/202004/t20200430_1227477.html
10	《废旧轮胎综合利用行业规范条件（2020年版）》《废旧轮胎综合利用行业规范公告管理暂行办法（2020年版）》	工业和信息化部	2020年5月	综合类政策	https://www.miit.gov.cn/zwgk/zcwj/wjfb/gg/art/2020/art_0593ead208e64ddb8d2852f4e0b06355.html
11	关于做好2020年畜禽粪污资源化利用工作的通知	农业农村部办公厅 财政部办公厅	2020年7月	综合类政策	http://www.gov.cn/zhengce/zhengceku/2020-07-07/content_5524770.htm
12	农用薄膜管理办法	农业农村部 工业和信息化部 生态环境部 国家市场监管总局	2020年7月	综合类政策	http://www.gov.cn/zhengce/zhengceku/2020-08-02/content_5531956.htm

173

序号	政策名称	发布部门	发布时间	政策类型	政策来源
13	关于扎实推进塑料污染治理工作的通知	国家发展改革委 生态环境部 工业和信息化部 住房和城乡建设部 农业农村部 商务部 文化和旅游部 国家市场监管总局 供销合作总社	2020年7月	综合类政策	https://www.ndrc.gov.cn/xxgk/zcfb/tz/202007/t20200717_1233956.html
14	报废机动车回收管理办法实施细则	商务部 国家发展改革委 工业和信息化部 公安部 生态环境部 交通运输部 国家市场监管总局	2020年7月	综合类政策	http://www.gov.cn/zhengce/zhengceku/2020-08/02/content_5531960.htm
15	关于印发《绿色出行创建行动方案》的通知	交通运输部 国家发展改革委	2020年7月	综合类政策	http://www.gov.cn/zhengce/zhengceku/2020-07/26/content_5530095.htm
16	关于开展风电开发建设情况专项监管的通知	国家能源局综合司	2020年7月	综合类政策	http://www.gov.cn/zhengce/zhengceku/2020-08/11/content_5533884.htm
17	关于印发《城镇生活污水处理设施补短板强弱项实施方案》的通知	国家发展改革委 住房和城乡建设部	2020年7月	综合类政策	https://www.ndrc.gov.cn/xxgk/zcfb/tz/202007/t20200731_1235247.html
18	关于印发《城镇生活垃圾分类和处理设施补短板强弱项实施方案》的通知	国家发展改革委 住房和城乡建设部 生态环境部	2020年7月	综合类政策	https://www.ndrc.gov.cn/xxgk/zcfb/tz/202008/t20200807_1235742.html
19	农药包装废弃物回收处理管理办法	农业农村部 生态环境部	2020年8月	综合类政策	http://www.gov.cn/zhengce/zhengceku/2020-09/01/content_5538947.htm
20	关于印发《关于推进生态环境损害赔偿制度改革若干具体问题的意见》的通知	生态环境部 司法部 财政部 自然资源部 住房和城乡建设部 水利部 农业农村部 卫生健康委 国家林草局 最高人民法院 最高人民检察院	2020年9月	综合类政策	http://www.mee.gov.cn/xxgk2018/xxgk/xxgk03/202009/t20200911_797978.html

序号	政策名称	发布部门	发布时间	政策类型	政策来源
21	关于印发《完善生物质发电项目建设运行的实施方案》的通知	国家发展改革委 财政部 国家能源局	2020年9月	综合类政策	https://www.ndrc.gov.cn/xxgk/zcfb/tz/202009/t20200916_1238868.html
22	关于开展燃料电池汽车示范应用的通知	财政部 工业和信息化部 科技部 国家发展改革委 国家能源局	2020年9月	综合类政策	http://www.mof.gov.cn/gkml/caizhengwengao/202001wg/wg202009/202012/t20201230_3638265.htm
23	关于《关于促进非水可再生能源发电健康发展的若干意见》有关事项的补充通知	财政部 国家发展改革委 国家能源局	2020年9月	综合类政策	http://www.mof.gov.cn/gkml/caizhengwengao/202001wg/wg202009/202012/t20201230_3638269.htm
24	关于印发《中华人民共和国实行水效标识的产品目录（第二批）》及相关实施规则的通知	国家发展改革委 水利部 国家市场监督总局	2020年11月	综合类政策	https://www.ndrc.gov.cn/xxgk/jd/jd/202011/t20201113_1250362.html
25	关于印发《2019年林业和草原应对气候变化政策与行动》白皮书的通知	国家林业和草原局办公室	2020年11月	综合类政策	http://www.gov.cn/zhengce/zhengceku/2020-12/02/content_5566369.htm
26	关于印发《国家生态文明试验区改革举措和经验做法推广清单》的通知	国家发展改革委	2020年11月	综合类政策	https://www.ndrc.gov.cn/xxgk/zcfb/tz/202011/t20201127_1251538.html
27	关于印发《土壤污染防治基金管理办法》的通知	财政部 生态环境部 农业农村部 自然资源部 住房和城乡建设部 国家林草局	2020年1月	环境财政政策	http://www.gov.cn/zhengce/zhengceku/2020-02/27/content_5483796.htm
28	关于修改《节能减排补助资金管理暂行办法》的通知	财政部	2020年1月	环境财政政策	http://www.mof.gov.cn/gkml/caizhengwengao/202001wg/202002wg/202005/t20200522_3518767.htm
29	关于加强生态环保资金管理、推动建立项目储备制度的通知	财政部 自然资源部 生态环境部 国家林草局	2020年3月	环境财政政策	http://www.gov.cn/zhengce/zhengceku/2020-03/27/content_5496185.htm
30	关于开展可再生能源发电补贴项目清单审核有关工作的通知	财政部办公厅	2020年3月	环境财政政策	http://jjs.mof.gov.cn/tongzhigonggao/202003/t20200319_3485243.htm

175

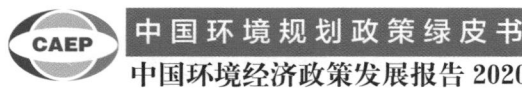
序号	政策名称	发布部门	发布时间	政策类型	政策来源
31	关于完善新能源汽车推广应用财政补贴政策的通知	财政部 工业和信息化部 科技部 国家发展改革委	2020 年 4 月	环境财政政策	http://www.mof.gov.cn/gkml/caizhengwengao/202001wg/wg202004/202007/t20200707_3545403.htm
32	关于印发《林业草原生态保护恢复资金管理办法》的通知	财政部 国家林草局	2020 年 4 月	环境财政政策	http://www.mof.gov.cn/gkml/caizhengwengao/202001wg/wg202006/202010/t20201014_3603615.htm
33	关于印发《海洋生态保护修复资金管理办法》的通知	财政部	2020 年 4 月	环境财政政策	http://www.mof.gov.cn/gkml/caizhengwengao/202001wg/wg202006/202010/t20201014_3603616.htm
34	关于印发《林业改革发展资金管理办法》的通知	财政部 国家林草局	2020 年 6 月	环境财政政策	http://www.mof.gov.cn/gkml/caizhengwengao/202001wg/202007wg/202010/t20201026_3611187.htm
35	关于印发《清洁能源发展专项资金管理暂行办法》的通知	财政部	2020 年 6 月	环境财政政策	http://www.mof.gov.cn/gkml/caizhengwengao/202001wg/202007wg/202010/t20201026_3611194.htm
36	关于下达清洁能源发展专项资金的通知	财政部	2020 年 6 月	环境财政政策	http://www.gov.cn/zhengce/zhengceku/2020-07-06/content_5524558.htm
37	长江经济带绿色发展专项中央预算内投资管理暂行办法	国家发展改革委	2020 年 9 月	环境财政政策	https://www.ndrc.gov.cn/xxgk/jd/jd/202009/t20200916_1238847.html
38	关于公布 2020 年生物质发电中央补贴项目申报结果的通知	国家发展改革委办公厅 国家能源局综合司	2020 年 11 月	环境财政政策	https://www.ndrc.gov.cn/xxgk/zcfb/tz/202011/t20201125_1251166.html
39	关于加快推进可再生能源发电补贴项目清单审核有关工作的通知	财政部办公厅	2020 年 11 月	环境财政政策	http://jjs.mof.gov.cn/tongzhigonggao/202011/t20201125_3629266.htm
40	关于进一步完善新能源汽车推广应用财政补贴政策的通知	财政部 工业和信息化部 科技部 国家发展改革委	2020 年 12 月	环境财政政策	http://www.gov.cn/zhengce/zhengceku/2020-12-31/content_5575906.htm
41	关于印发《区域电网输电价格定价办法》的通知	国家发展改革委	2020 年 1 月	环境价格政策	http://www.gov.cn/zhengce/zhengceku/2020-02-05/content_5474800.htm
42	关于印发《可再生能源电价附加资金管理办法》的通知	财政部 国家发展改革委 国家能源局	2020 年 1 月	环境价格政策	http://www.mof.gov.cn/gkml/caizhengwengao/202001wg/202002wg/202005/t20200522_3518762.htm

序号	政策名称	发布部门	发布时间	政策类型	政策来源
43	关于公布可再生能源电价附加资金补助目录（第三批光伏扶贫项目）的通知	财政部 国家发展改革委 国家能源局 国务院扶贫办	2020年2月	环境价格政策	http://jjs.mof.gov.cn/tongzhigonggao/202002/t20200224_3473549.htm
44	关于2020年光伏发电上网电价政策有关事项的通知	国家发展改革委	2020年3月	环境价格政策	https://www.ndrc.gov.cn/xxgk/zcfb/tz/202004/t20200402_1225031.html
45	关于核减环境违法垃圾焚烧发电项目可再生能源电价附加补助资金的通知	财政部 生态环境部	2020年6月	环境价格政策	http://www.mof.gov.cn/gkml/caizhengwengao/202001wg/202007wg/202010/t20201026_3611204.htm
46	关于加强天然气输配价格监管的通知	国家发展改革委 国家市场监管总局	2020年7月	环境资源价格政策	https://zfxxgk.ndrc.gov.cn/web/iteminfo.jsp？id=17142
47	关于公布2020年风电、光伏发电平价上网项目的通知	国家发展改革委办公厅 国家能源局综合司	2020年7月	环境价格政策	https://www.ndrc.gov.cn/xxgk/zcfb/tz/202008/t20200805_1235592.html
48	关于持续推进农业水价综合改革工作的通知	国家发展改革委 财政部 水利部 农业农村部	2020年7月	环境价格政策	https://www.ndrc.gov.cn/xxgk/zcfb/tz/202008/t20200806_1235650.html
49	关于调整可再生能源电价附加资金补助目录（光伏扶贫项目）的通知	财政部 国家发展改革委 国家能源局 国务院扶贫办	2020年8月	环境价格政策	http://jjs.mof.gov.cn/tongzhigonggao/202008/t20200820_3572030.htm
50	关于公布光伏竞价转平价上网项目的通知	国家能源局综合司	2020年9月	环境价格政策	http://www.gov.cn/zhengce/zhengceku/2020-10/16/content_5551757.htm
51	关于做好2021年电力中长期合同签订工作的通知	国家发展改革委 国家能源局	2020年11月	环境资源价格政策	https://www.ndrc.gov.cn/xwdt/ztzl/jdstjjqycb/zccs/202012/t20201229_1260755.html
52	转发国家发展改革委等部门关于清理规范城镇供水供电供气供暖行业收费促进行业高质量发展意见	国务院办公厅	2021年1月	环境资源价格政策	http://www.gov.cn/zhengce/zhengceku/2021-01/06/content_5577440.htm
53	关于预拨2020年中央对地方重点生态功能区转移支付预算的通知	财政部	2020年3月	生态补偿政策	http://yss.mof.gov.cn/ybxzyzf/zdstgnqzyzf/202004/t20200420_3501097.htm

序号	政策名称	发布部门	发布时间	政策类型	政策来源
54	关于印发《支持引导黄河全流域建立横向生态补偿机制试点实施方案》的通知	财政部 生态环境部 水利部 国家林草局	2020年4月	生态补偿政策	http://www.mof.gov.cn/gkml/caizhengwengao/202001wg/wg202006/202010/t20201014_3603617.htm
55	关于下达深度贫困地区2020年中央对地方重点生态功能区转移支付预算的通知	财政部	2020年6月	生态补偿政策	http://www.mof.gov.cn/gkml/caizhengwengao/202001wg/202007wg/202010/t20201026_3611188.htm
56	关于下达2020年中央对地方重点生态功能区转移支付预算的通知	财政部	2020年6月	生态补偿政策	http://yss.mof.gov.cn/ybxzyzf/zdstgnqzyzf/202007/t20200722_3554593.htm
57	关于印发《矿业权登记信息管理办法》的通知	自然资源部办公厅	2020年6月	环境权益政策	http://f.mnr.gov.cn/202006/t20200629_2529885.html
58	关于印发《公共资源交易平台系统林权交易数据规范》的通知	国家发展改革委办公厅 国家林草局办公室	2020年7月	环境权益政策	https://www.ndrc.gov.cn/xxgk/zcfb/tz/202008/t20200810_1235755.html
59	关于印发《2019—2020年全国碳排放权交易配额总量设定与分配实施方案（发电行业）》《纳入2019—2020年全国碳排放权交易配额管理的重点排放单位名单》并做好发电行业配额预分配工作的通知	生态环境部	2020年12月	环境权益政策	http://www.mee.gov.cn/xxgk2018/xxgk/xxgk03/202012/t20201230_815546.html
60	碳排放权交易管理办法（试行）	生态环境部	2020年12月	环境权益政策	http://www.gov.cn/zhengce/zhengceku/2021-01/06/content_5577360.htm
61	享受车船税减免优惠的节约能源、使用新能源汽车车型目录（第十三批）	工业和信息化部 国家税务总局	2020年1月	环境税费政策	https://www.miit.gov.cn/zwgk/zcwj/wjfb/gg/art/2020/art_ec3df6f8ccaf458ea30cd93cb66a34d3.html
62	免征车辆购置税的新能源汽车车型目录（第三十批）	工业和信息化部 国家税务总局	2020年3月	环境税费政策	https://www.miit.gov.cn/zwgk/zcwj/wjfb/gg/art/2020/art_c381d802c32e41c8a392227d224dcbe1.html
63	关于取消海洋石油（天然气）开采项目免税进口额度管理的通知	财政部 海关总署 国家税务总局	2020年3月	环境税费政策	http://www.chinatax.gov.cn/chinatax/n377/c5147594/content.html

序号	政策名称	发布部门	发布时间	政策类型	政策来源
64	关于完善长江经济带污水处理收费机制有关政策的指导意见	国家发展改革委 财政部 住房和城乡建设部 生态环境部 水利部	2020 年 4 月	环境税费政策	https://www.ndrc.gov.cn/xxgk/zcfb/tz/202004/t20200416_1225845.html
65	关于新能源汽车免征车辆购置税有关政策的公告	财政部 国家税务总局 工业和信息化部	2020 年 4 月	环境税费政策	http://www.chinatax.gov.cn/chinatax/n371/c5148803/content.html
66	关于发布《免征车辆购置税的新能源汽车车型目录》（第三十一批）的公告	工业和信息化部 国家税务总局	2020 年 4 月	环境税费政策	http://www.chinatax.gov.cn/chinatax/n371/c5155212/content.html
67	关于延续西部大开发企业所得税政策的公告	财政部 国家税务总局 国家发展改革委	2020 年 4 月	环境税费政策	http://www.chinatax.gov.cn/chinatax/n810341/n810755/c5149164/content.html
68	享受车船税减免优惠的节约能源、使用新能源汽车车型目录（第十五批）	工业和信息化部 国家税务总局	2020 年 4 月	环境税费政策	https://www.miit.gov.cn/zwgk/zcwj/wjfb/gg/art/2020/art_884cbc0625834ae8bd368f4f60227085.html
69	免征车辆购置税的新能源汽车车型目录（第三十二批）	工业和信息化部	2020 年 6 月	环境税费政策	https://www.miit.gov.cn/zwgk/zcwj/wjfb/gg/art/2020/art_2afa7ec02965 44de9d9c3d5b863e8b0a.html
70	享受车船税减免优惠的节约能源、使用新能源汽车车型目录（第十六批）	工业和信息化部 国家税务总局	2020 年 6 月	环境税费政策	http://www.chinatax.gov.cn/chinatax/n370/c5153173/content.html
71	关于继续执行资源税优惠政策的公告	财政部 国家税务总局	2020 年 6 月	环境税费政策	http://www.chinatax.gov.cn/chinatax/n810341/n810755/c5154099/content.html
72	关于资源税有关问题执行口径的公告	财政部 国家税务总局	2020 年 6 月	环境税费政策	http://www.chinatax.gov.cn/chinatax/n810341/n810755/c5154098/content.html
73	《道路机动车辆生产企业及产品》（第 334 批）、《新能源汽车推广应用推荐车型目录》（2020 年第 8 批）、《享受车船税减免优惠的节约能源、使用新能源汽车车型目录》（第十七批）、《免征车辆购置税的新能源汽车车型目录》（第三十三批）	工业和信息化部	2020 年 7 月	环境税费政策	https://www.miit.gov.cn/zwgk/zcwj/wjfb/gg/art/2020/art_cc708964c6f946158b5b015214c5efe6.html

179

序号	政策名称	发布部门	发布时间	政策类型	政策来源
74	《道路机动车辆生产企业及产品》(第 335 批)、《新能源汽车推广应用推荐车型目录》(2020年第 9 批)、《享受车船税减免优惠的节约能源、使用新能源汽车车型目录》(第十八批)、《免征车辆购置税的新能源汽车车型目录》(第三十四批)	工业和信息化部	2020 年 8 月	环境税费政策	https://www.miit.gov.cn/zwgk/zcwj/wjfb/gg/art/2020/art_8a0dcc4c27dc4f5f8f445486495cd7b3.html
75	关于资源税征收管理若干问题的公告	国家税务总局	2020 年 8 月	环境税费政策	http://www.chinatax.gov.cn/chinatax/n364/c5156066/content.html
76	《道路机动车辆生产企业及产品》(第 336 批)、《新能源汽车推广应用推荐车型目录》(2020年第 10 批)、《享受车船税减免优惠的节约能源、使用新能源汽车车型目录》(第十九批)、《免征车辆购置税的新能源汽车车型目录》(第三十五批)	工业和信息化部	2020 年 9 月	环境税费政策	https://www.miit.gov.cn/zwgk/zcwj/wjfb/gg/art/2020/art_c89e1a4c5afc41e58f2ddc6ec329bcd4.html
77	《道路机动车辆生产企业及产品》(第 337 批)、《新能源汽车推广应用推荐车型目录》(2020年第 11 批)、《享受车船税减免优惠的节约能源、使用新能源汽车车型目录》(第二十批)、《免征车辆购置税的新能源汽车车型目录》(第三十六批)	工业和信息化部	2020 年 10 月	环境税费政策	https://www.miit.gov.cn/zwgk/zcwj/wjfb/gg/art/2020/art_3a62c808cfc843ac8c107cc8ead9951c.html

序号	政策名称	发布部门	发布时间	政策类型	政策来源
78	《道路机动车辆生产企业及产品》（第 338 批）、《新能源汽车推广应用推荐车型目录》（2020 年第 12 批）、《享受车船税减免优惠的节约能源、使用新能源汽车车型目录》（第二十一批）、《免征车辆购置税的新能源汽车车型目录》（第三十七批）	工业和信息化部	2020 年 11 月	环境税费政策	https://www.miit.gov.cn/zwgk/zcwj/wjfb/gg/art/2020/art_165380730c8b440bababf4e618d9f769.html
79	关于水土保持补偿费等政府非税收入项目征管职责划转有关事项的公告	国家税务总局	2020 年 12 月	环境税费政策	http://www.chinatax.gov.cn/chinatax/n810341/n810825/c101434/c5159792/content.html
80	绿色债券支持项目目录（2020 年版）	中国人民银行 国家发展改革委 中国证券监督管理委员会	2020 年 7 月	绿色金融政策	http://www.pbc.gov.cn/tiaofasi/144941/144979/3941920/4052500/index.html
81	银行业存款类金融机构绿色金融业绩评价方案（征求意见稿）	中国人民银行	2020 年 7 月	绿色金融政策	http://www.pbc.gov.cn/tiaofasi/144941/144979/3941920/4059904/index.html
82	关于促进应对气候变化投融资的指导意见	生态环境部 国家发展改革委 中国人民银行 中国银行保险监督管理委员会 中国证券监督管理委员会	2020 年 10 月	绿色金融政策	http://www.mee.gov.cn/xxgk2018/xxgk/xxgk03/202010/t20201026_804792.html
83	碳排放权交易管理办法（试行）	生态环境部	2020 年 12 月	绿色金融政策	http://www.gov.cn/zhengce/zhengceku/2021-01/06/content_5577360.htm
84	政府会计准则第 10 号——政府和社会资本合作项目合同	财政部	2019 年 12 月	环境市场政策	http://kjs.mof.gov.cn/zhengcefabu/201912/t20191223_3448588.htm
85	政府和社会资本合作（PPP）项目绩效管理操作指引	财政部	2020 年 3 月	环境市场政策	http://www.gov.cn/zhengce/zhengceku/2020-03/31/content_5497463.htm

序号	政策名称	发布部门	发布时间	政策类型	政策来源
86	关于推荐生态环境导向的开发模式试点项目的通知	生态环境部 国家发展改革委 国家开发银行	2020 年 9 月	环境市场政策	http://www.mee.gov.cn/xxgk2018/xxgk/xxgk06/202009/t20200923_800005.html
87	关于规范再生黄铜原料、再生铜原料和再生铸造铝合金原料进口管理有关事项的公告	生态环境部 海关总署 商务部 工业和信息化部	2020 年 10 月	环境贸易政策	http://www.gov.cn/zhengce/zhengceku/2020-10/20/content_5552634.htm
88	关于调整加工贸易禁止类商品目录的公告	商务部 海关总署	2020 年 11 月	环境贸易政策	http://www.gov.cn/zhengce/zhengceku/2020-11/15/content_5561646.htm
89	关于全面禁止进口固体废物有关事项的公告	生态环境部 商务部 国家发展改革委 海关总署	2020 年 11 月	环境贸易政策	http://www.gov.cn/zhengce/zhengceku/2020-11/27/content_5565456.htm
90	关于印发《生态环境损害赔偿磋商十大典型案例的通知》	生态环境部	2020 年 4 月	环境资源价值核算政策	http://www.mee.gov.cn/xxgk2018/xxgk/xxgk06/202005/t20200506_777835.html
91	关于推进生态环境损害赔偿制度改革若干具体问题的意见	生态环境部 司法部 财政部 自然资源部 住房和城乡建设部 水利部 农业农村部 卫生健康委 国家林草局 最高人民法院 最高人民检察院	2020 年 8 月	环境资源价值核算政策	http://www.mee.gov.cn/xxgk2018/xxgk/xxgk03/202009/t20200911_797978.html
92	生态环境损害鉴定评估技术指南 总纲和关键环节 第 1 部分：总纲	生态环境部 国家市场监管总局	2020 年 12 月	环境资源价值核算政策	http://www.mee.gov.cn/ywgz/fgbz/bz/bzwb/other/qt/202012/t20201231_815714.shtml
93	生态环境损害鉴定评估技术指南 总纲和关键环节 第 2 部分：损害调查	生态环境部 国家市场监管总局	2020 年 12 月	环境资源价值核算政策	http://www.mee.gov.cn/ywgz/fgbz/bz/bzwb/other/qt/202012/t20201231_815716.shtml
94	生态环境损害鉴定评估技术指南 环境要素 第 1 部分：土壤和地下水	生态环境部 国家市场监管总局	2020 年 12 月	环境资源价值核算政策	http://www.mee.gov.cn/ywgz/fgbz/bz/bzwb/other/qt/202012/t20201231_815717.shtml

序号	政策名称	发布部门	发布时间	政策类型	政策来源
95	生态环境损害鉴定评估技术指南 环境要素 第2部分：地表水和沉积物	生态环境部 国家市场监管总局	2020年12月	环境资源价值核算政策	http://www.mee.gov.cn/ywgz/fgbz/bz/bzwb/other/qt/202012/t20201231_815720.shtml
96	生态环境损害鉴定评估技术指南 基础方法 第1部分：大气污染虚拟治理成本法	生态环境部 国家市场监管总局	2020年12月	环境资源价值核算政策	http://www.mee.gov.cn/ywgz/fgbz/bz/bzwb/other/qt/202012/t20201231_815722.shtml
97	生态环境损害鉴定评估技术指南 基础方法 第2部分：水污染虚拟治理成本法	生态环境部 国家市场监管总局	2020年12月	环境资源价值核算政策	http://www.mee.gov.cn/ywgz/fgbz/bz/bzwb/other/qt/202012/t20201231_815723.shtml
98	关于组织开展2020年重点用水企业水效领跑者遴选工作的通知	工业和信息化部 水利部 国家发展改革委 国家市场监管总局	2019年12月	行业环境政策	http://www.gov.cn/zhengce/zhengceku/2020-01/03/content_5466317.htm
99	关于进一步加强塑料污染治理的意见	国家发展改革委 生态环境部	2020年1月	行业环境政策	https://www.ndrc.gov.cn/xxgk/zcfb/tz/202001/t20200119_1219275.html
100	关于加快建立绿色生产和消费法规政策体系的意见	国家发展改革委 司法部	2020年3月	绿色供应链政策	http://www.gov.cn/zhengce/zhengceku/2020-03/19/content_5493065.htm
101	关于印发《关于促进砂石行业健康有序发展的指导意见》的通知	国家发展改革委 工业和信息化部 公安部 财政部 自然资源部 生态环境部 住房和城乡建设部 交通运输部 水利部 商务部 应急管理部 国家市场监管总局 国家统计局 中国海警局 中国国家铁路集团有限公司	2020年3月	行业环境经济政策	https://www.ndrc.gov.cn/xxgk/zcfb/tz/202003/t20200327_1224256.html

183

序号	政策名称	发布部门	发布时间	政策类型	政策来源
102	关于印发《中华人民共和国实行能源效率标识的产品目录（第十五批）》及相关实施规则	国家发展改革委 国家市场监管总局	2020年4月	行业环境经济政策	https://www.ndrc.gov.cn/xxgk/jd/jd/202004/t20200427_1226871.html
103	2020年度坐便器水效领跑者产品名单	国家发展改革委 水利部 住房和城乡建设部 国家市场监管总局	2020年5月	行业环境政策	https://www.ndrc.gov.cn/xxgk/zcfb/gg/202005/t20200518_1228232.html
104	关于印发《关于完善废旧家电回收处理体系推动家电更新消费的实施方案》的通知	国家发展改革委 工业和信息化部 财政部 生态环境部 住房和城乡建设部 商务部 国家市场监管总局	2020年5月	绿色供应链政策	https://www.ndrc.gov.cn/xxgk/zcfb/tz/202005/t20200515_1228206.html
105	商品包装政府采购需求标准（试行）	财政部办公厅 生态环境部办公厅 国家邮政局办公室	2020年6月	行业环境政策	http://www.gov.cn/zhengce/zhengceku/2020-07-02/content_5523673.htm
106	快递包装政府采购需求标准（试行）	财政部办公厅 生态环境部办公厅 国家邮政局办公室	2020年6月	行业环境政策	http://www.gov.cn/zhengce/zhengceku/2020-07-02/content_5523673.htm
107	关于加强快递绿色包装标准化工作的指导意见	国家市场监管总局 国家发展改革委 科技部 工业和信息化部 生态环境部 住房和城乡建设部 商务部 邮政局	2020年7月	绿色供应链政策	http://www.gov.cn/zhengce/zhengceku/2020-08-09/content_5533459.htm
108	关于组织开展《国家鼓励发展的重大环保技术装备目录（2020年版）》推荐工作的通知	工业和信息化部办公厅 科技部办公厅 生态环境部办公厅	2020年7月	行业环境经济政策	https://www.miit.gov.cn/zwgk/zcwj/wjfb/zbgy/art/2020/art_249b1b5674b2480980f077e61ea1d022.html
109	关于印发《2020年度实施企业标准"领跑者"重点领域》的公告（2020年第38号）	国家市场监管总局	2020年8月	行业环境政策	http://www.gov.cn/zhengce/zhengceku/2020-08-20/content_5536175.htm
110	关于组织开展2020年度重点用能行业能效"领跑者"遴选工作的通知	工业和信息化部办公厅 国家市场监管总局办公厅	2020年9月	行业环境经济政策	http://www.gov.cn/zhengce/zhengceku/2020-10-16/content_5551752.htm

序号	政策名称	发布部门	发布时间	政策类型	政策来源
111	关于政府采购支持绿色建材促进建筑品质提升试点工作的通知	财政部 住房和城乡建设部	2020年10月	行业环境经济政策	http://www.gov.cn/zhengce/zhengceku/2020-10/22/content_5553250.htm
112	2020年符合环保装备制造业规范条件企业名单	工业和信息化部	2020年10月	行业环境经济政策	https://www.miit.gov.cn/zwgk/zcwj/wjfb/gg/art/2020/art_4b50bf0033344822a80ef0c6026e3101.html
113	关于公布第五批绿色制造名单的通知	工业和信息化部办公厅	2020年10月	行业环境经济政策	https://www.miit.gov.cn/zwgk/zcwj/wjfb/zh/art/2020/art_6dc9386121b945b3927fdcca5c79cd1b.html
114	关于发布《快递包装绿色产品认证目录（第一批）》《快递包装绿色产品认证规则》的公告	国家市场监管总局 国家邮政局	2020年10月	绿色供应链政策	http://www.gov.cn/zhengce/zhengceku/2020-11/10/content_5560363.htm
115	关于印发新能源汽车产业发展规划（2021—2035年）的通知	国务院办公厅	2020年11月	行业环境经济政策	http://www.gov.cn/zhengce/zhengceku/2020-11/02/content_5556716.htm
116	《国家工业节能技术装备推荐目录（2020）》《"能效之星"产品目录（2020）》《国家绿色数据中心先进适用技术产品目录（2020）》	工业和信息化部	2020年11月	行业环境经济政策	https://www.miit.gov.cn/zwgk/zcwj/wjfb/gg/art/2020/art_e0190e6c3c404e54a7958e863d68d6a2.html
117	关于公开征求《环境保护综合名录（2020年新增部分）》（征求意见稿）意见的通知	生态环境部	2021年2月	行业环境政策	http://www.mee.gov.cn/hdjl/yjzj/zjyj/202102/t20210226_822525.shtml
118	优先控制化学品名录（第二批）	生态环境部 工业和信息化部 卫生健康委	2020年10月	行业环境政策	http://www.mee.gov.cn/xxgk2018/xxgk/xxgk01/202011/t20201102_805937.html
119	关于公布工业产品绿色设计示范企业名单（第二批）的通知	工业和信息化部办公厅	2020年11月	行业环境经济政策	https://www.miit.gov.cn/zwgk/zcwj/wjfb/qt/art/2020/art_8b3c2e95acf34c7ca3382d5634d805f7.html
120	关于加快推进快递包装绿色转型的意见	国务院办公厅	2020年12月	绿色供应链政策	http://www.gov.cn/zhengce/zhengceku/2020-12/14/content_5569345.htm
121	2020年重点用能行业能效"领跑者"企业名单	工业和信息化部 国家市场监管总局	2021年1月	行业环境政策	https://www.miit.gov.cn/zwgk/zcwj/wjfb/gg/art/2021/art_fb61f4b9829e406a8a7278aecf274c1d.html

185

序号	政策名称	发布部门	发布时间	政策类型	政策来源
122	禁止进口货物目录（第七批）和禁止出口货物目录（第六批）	商务部 国家海关总署 生态环境部	2020年12月	行业环境政策	http://www.mofcom.gov.cn/article/b/c/202012/20201203027805.shtml
123	《石化绿色工艺名录（2020年版）》	中国石化联合会	2021年1月	行业环境政策	http://www.cpcia.org.cn/detail/a634d34b-7c7e-428b-ab1f-fe2194cad05e
124	关于组织推荐第二批工业产品绿色设计示范企业的通知	工业和信息化部	2020年6月		https://www.miit.gov.cn/zwgk/zcwj/wjfb/zh/art/2020/art_b866450c87cc4c5b8d6f7916446945b3.html
125	关于组织开展国家绿色数据中心（2020年）推荐工作的通知	工业和信息化部办公厅 国家发展改革委办公厅 商务部办公厅 国管局办公室 银保监会办公厅 国家能源局综合司	2020年8月		https://www.miit.gov.cn/zwgk/zcwj/wjfb/zh/art/2020/art_13ad6c29a2414f1a8aa5c70ebd0ad48a.html

附录二　2020 年地方层面出台环境经济政策情况

序号	政策名称	发布部门	发布时间	政策类型
1	内蒙古自治区循环经济发展规划（2016—2020 年）	内蒙古自治区发展改革委	2019 年 11 月	综合性政策
2	关于印发《青海省贯彻落实建立市场化、多元化生态保护补偿机制行动计划的实施方案》的通知	青海省发展改革委	2019 年 11 月	综合性政策
3	关于印发《甘肃省节水行动实施方案》的通知	甘肃省水利厅 甘肃省发展改革委	2019 年 12 月	综合性政策
4	关于印发《浙江省钱塘江源头区域山水林田湖草生态保护修复工程试点三年行动计划（2019—2021 年）》和《浙江省钱塘江源头区域山水林田湖草生态保护修复工程试点项目管理办法》的通知	浙江省自然资源厅	2020 年 1 月	综合性政策
5	关于印发《海南省节水行动实施方案》的通知	海南省发展改革委 海南省水务厅	2020 年 1 月	综合性政策
6	关于印发《山东省工业炉窑大气污染综合治理实施方案》的通知	山东省生态环境厅 山东省发展改革委	2020 年 1 月	综合性政策
7	关于印发《银川都市圈生态环境共保共治实施方案》的通知	宁夏回族自治区生态环境保护领导小组办公室	2020 年 1 月	综合性政策
8	《山西省环境保护条例》实施办法	山西省人民政府	2020 年 1 月	综合性政策
9	关于印发《辽河流域综合治理与生态修复总体方案》的通知	辽宁省人民政府	2020 年 2 月	综合性政策
10	关于下达《2020 年自治区国民经济和社会发展计划》的通知	内蒙古自治区人民政府	2020 年 2 月	综合性政策
11	关于公开征求《天津市关于推行湾长制的实施意见》意见的通知	天津市生态环境局	2020 年 2 月	综合性政策
12	关于印发《重庆市构建市场导向的绿色技术创新体系的实施方案》的通知	重庆市发展改革委 重庆市科学技术局	2020 年 2 月	综合性政策
13	关于印发《辽宁省绿色矿山建设实施方案》的通知	辽宁省自然资源厅	2020 年 2 月	综合性政策
14	关于印发《海南省全生物降解塑料产业发展规划（2020—2025 年）》的通知	海南省工业和信息化厅	2020 年 3 月	综合性政策
15	河北省河湖保护和治理条例	河北省水利厅	2020 年 3 月	综合性政策
16	关于印发《以生态环境高水平保护助推江西高质量跨越式发展 20 条措施》的通知	江西省生态环境厅	2020 年 3 月	综合性政策

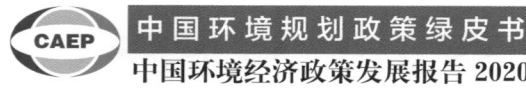
序号	政策名称	发布部门	发布时间	政策类型
17	关于印发《浙江省促进汽车消费的若干意见（2020—2022 年）》的通知	浙江省发展改革委 浙江省公安厅 浙江省财政厅 浙江省生态环境厅 浙江省交通运输厅 浙江省商务厅 浙江省市场监管局	2020 年 4 月	综合性政策
18	关于印发《上海市医疗卫生机构废弃物综合治理工作方案》的通知	上海市生态环境局	2020 年 4 月	综合性政策
19	关于印发《湖南省绿色矿山建设三年行动方案（2020—2022 年）》的通知	湖南省自然资源厅	2020 年 4 月	综合性政策
20	关于印发《甘肃省生态环境厅进一步支持企业平稳健康发展的若干措施》的通知	甘肃省生态环境厅	2021 年 1 月	综合性政策
21	关于印发《山东省突发环境事件应急预案》的通知	山东省人民政府	2020 年 4 月	综合性政策
22	关于印发《云南瑞丽江—大盈江流域发展规划（2020—2035 年）》的通知	云南省发展改革委	2020 年 4 月	综合性政策
23	关于落实《生态保护红线、环境质量底线、资源利用上线制定生态环境准入清单实施生态环境分区管控》的实施意见	重庆市人民政府	2020 年 4 月	综合性政策
24	关于印发《上海市 2020 年节能减排和应对气候变化重点工作安排》的通知	上海市发展改革委	2020 年 4 月	综合性政策
25	关于印发《全力做好自然资源要素保障服务经济社会加快恢复发展若干措施》的通知	湖北省人民政府	2020 年 5 月	综合性政策
26	关于印发《浙江省水生生物多样性保护实施方案》的通知	浙江省生态环境厅 浙江省农业农村厅 浙江省水利厅	2020 年 5 月	综合性政策
27	关于转发省安委会《河南省危险废物等安全专项整治三年行动实施方案》的通知	河南省生态环境厅	2020 年 5 月	综合性政策
28	关于印发《浙江省近岸海域水污染防治攻坚三年行动计划》的通知	浙江省人民政府	2020 年 6 月	综合性政策
29	关于印发《浙江省节水行动实施方案》的通知	浙江省人民政府	2020 年 6 月	综合性政策
30	关于印发《关于进一步加强塑料污染治理的实施办法》的通知	山西省发展改革委 山西省生态环境厅	2020 年 6 月	综合性政策
31	北京市危险废物污染环境防治条例	北京市生态环境局	2020 年 6 月	综合性政策
32	关于印发《湖北省长江保护修复攻坚战工作方案》的通知	湖北省生态环境厅 湖北省发展改革委	2020 年 6 月	综合性政策
33	关于印发《进一步做好利用外资工作 20 条措施》的通知	青海省人民政府	2020 年 6 月	综合性政策

序号	政策名称	发布部门	发布时间	政策类型
34	关于印发《江苏省"三线一单"生态环境分区管控方案》的通知	江苏省人民政府	2020 年 6 月	综合性政策
35	关于印发《2020 年挥发性有机物治理攻坚方案》的通知	广东省生态环境厅	2020 年 6 月	综合性政策
36	关于印发《山东省重污染天气应急预案》的通知	山东省人民政府	2020 年 6 月	综合性政策
37	关于印发《浙江省生态海岸带建设方案》的通知	浙江省人民政府	2020 年 6 月	综合性政策
38	关于印发《内蒙古自治区关于加强塑料污染治理工作实施方案》的通知	内蒙古自治区发展改革委	2020 年 6 月	综合性政策
39	关于印发《内蒙古自治区关于加强塑料污染治理工作实施方案》的通知	内蒙古自治区发展改革委 内蒙古自治区生态环境厅	2020 年 6 月	综合性政策
40	关于加快构建我省市场导向的绿色技术创新体系的实施意见	山西省发展改革委 山西省科学技术厅	2020 年 6 月	综合性政策
41	关于推进全省产业园区高质量发展的实施意见	湖南省人民政府	2020 年 7 月	综合性政策
42	关于印发《关于进一步加强塑料污染治理的实施方案》的通知	河北省发展改革委 河北省生态环境厅	2020 年 7 月	综合性政策
43	关于公开征求《上海市关于进一步加强塑料污染治理的实施方案（征求意见稿）》意见的通知	上海市发展改革委	2020 年 7 月	综合性政策
44	关于营造更好发展环境支持民营节能环保企业健康发展实施意见的通知	吉林省发展改革委 吉林省科技厅 吉林省工业和信息化厅 吉林省生态环境厅 吉林省银保监局 吉林省工商联	2020 年 7 月	综合性政策
45	关于印发《关于稳定和扩大汽车消费的若干措施》的通知	重庆市发展改革委	2020 年 7 月	综合性政策
46	关于印发《进一步加强塑料污染治理的实施方案》的通知	甘肃省发展改革委 甘肃省生态环境厅	2020 年 7 月	综合性政策
47	关于印发《河南省加快电动汽车充电基础设施建设若干政策》的通知	河南省人民政府	2020 年 8 月	综合性政策
48	内蒙古自治区财政改革与发展"十三五"规划	内蒙古自治区财政厅	2020 年 8 月	综合性政策
49	关于印发《山西省煤机智能制造装备产业集群创新生态建设 2020 年行动计划》的通知	山西省工业和信息化厅	2020 年 8 月	综合性政策
50	关于印发《福建省开展绿色生活创建行动计划》的通知	福建省发展改革委	2020 年 8 月	综合性政策

中国环境规划政策绿皮书

中国环境经济政策发展报告2020

序号	政策名称	发布部门	发布时间	政策类型
51	关于印发《陕西省进一步加强塑料污染治理实施方案》的通知（陕发改环资〔2020〕1184号）	陕西省发展改革委 陕西省生态环境厅	2020年8月	综合性政策
52	关于印发《河南省危险废物专项整治三年行动工作方案》的通知	河南省生态环境厅	2020年8月	综合性政策
53	关于印发《重庆市天然林保护修复制度实施方案》的通知	重庆市人民政府	2020年8月	综合性政策
54	关于印发《云南省进一步加强塑料污染治理的实施方案》的通知	云南省发展改革委 云南省生态环境厅	2020年8月	综合性政策
55	关于印发《海南省全面禁止生产、销售和使用一次性不可降解塑料制品补充实施方案》的通知	中共海南省委办公厅 海南省人民政府办公厅	2020年8月	综合性政策
56	关于印发《城市、水利和高标准农田补短板强功能工程三年行动实施方案（2020—2022年）》的通知	湖北省人民政府	2020年9月	综合性政策
57	关于印发《关于进一步加强塑料污染治理的实施办法》的通知	浙江省发展改革委 浙江省生态环境厅 浙江省经济和信息化厅 浙江省住房和城乡建设厅 浙江省农业农村厅 浙江省商务厅 浙江省文化和旅游厅 浙江省市场监管局 浙江省邮政管理局	2020年9月	综合性政策
58	关于印发《福建省生活垃圾焚烧发电中长期专项规划（2019—2030年）》的通知	福建省发展改革委	2020年9月	综合性政策
59	关于印发《能源提升、新基建、冷链物流和应急储备设施、产业园区提升补短板强功能工程三年行动实施方案（2020—2022年）》的通知	湖北省人民政府	2020年9月	综合性政策
60	关于印发《重庆市关于进一步加强塑料污染治理的实施意见》的通知	重庆市发展改革委 重庆市生态环境局	2020年9月	综合性政策
61	关于印发《加快推进浙江省长江经济带化工产业污染防治与绿色发展工作方案》的通知	浙江省发展改革委 浙江省经济和信息化厅 浙江省生态环境厅 浙江省应急管理厅	2020年9月	综合性政策
62	关于印发《四川省支持新能源与智能汽车产业发展若干政策措施》的通知	四川省人民政府	2020年9月	综合性政策
63	关于印发《广西加快发展向海经济推动海洋强区建设三年行动计划（2020—2022年）》的通知	广西壮族自治区人民政府办公厅	2020年9月	综合性政策

190

序号	政策名称	发布部门	发布时间	政策类型
64	关于印发《山东省农村生活污水治理行动方案》的通知	山东省生态环境厅 财政厅	2020 年 9 月	综合性政策
65	关于进一步加强矿产资源开发保护促进我区高质量发展的意见	广西壮族自治区人民政府	2020 年 10 月	综合性政策
66	关于印发《湖北省疫后重振补短板强功能生态环境补短板工程三年行动实施方案（2020—2022 年）》的通知	湖北省人民政府	2020 年 10 月	综合性政策
67	关于印发《关于大力发展农村市场主体壮大农村集体经济的十八条措施》的通知	中共海南省委办公厅 海南省人民政府办公厅	2020 年 10 月	综合性政策
68	关于印发《安徽省贯彻落实淮河生态经济带发展规划实施方案》的通知	安徽省人民政府	2020 年 10 月	综合性政策
69	关于印发《青海省城镇生活污水处理设施补短板强弱项实施方案》的通知	青海省发展改革委	2020 年 10 月	综合性政策
70	关于推进自然资源节约集约高效利用的实施意见	湖北省人民政府	2020 年 10 月	综合性政策
71	关于印发《贵州省履行〈关于持久性有机污染物的斯德哥尔摩公约国家实施计划（增补版）〉实施方案》的通知	贵州省生态环境厅	2020 年 10 月	综合性政策
72	关于印发《广东省加快氢燃料电池汽车产业发展实施方案》的通知	广东省发展改革委 广东省科学技术厅 广东省工业和信息化厅	2020 年 11 月	综合性政策
73	关于印发《农业高质量发展三年行动方案（2020—2022 年）》的通知	内蒙古自治区人民政府	2020 年 11 月	综合性政策
74	关于印发《浙江省水泥行业超低排放改造实施方案》的通知	浙江省生态环境厅	2020 年 11 月	综合性政策
75	关于印发《自治区绿色矿山建设方案》的通知	内蒙古自治区人民政府	2020 年 11 月	综合性政策
76	关于加强绿色制造示范创建工作的通知	山西省工业和信息化厅	2020 年 11 月	综合性政策
77	江苏省农村水利条例	江苏省水利厅	2020 年 11 月	综合性政策
78	关于印发《广东省生态文明建设绿皮书（2019 年）》的通知	广东省发展改革委	2020 年 11 月	综合性政策
79	关于加强危险废物环境管理的指导意见	四川省人民政府	2020 年 11 月	综合性政策
80	关于印发《江西省加快推进电动汽车充电基础设施建设三年行动计划（2021—2023 年）》的通知	江西省发展改革委	2020 年 12 月	综合性政策
81	关于 2021 年度中央重点生态保护修复资金项目储备库山水林田湖草生态保护修复工程项目实施方案的批复	山东省人民政府	2020 年 12 月	综合性政策
82	上海市绿色发展行动指南（2020 版）公告	上海市发展改革委	2020 年 12 月	综合性政策

序号	政策名称	发布部门	发布时间	政策类型
83	关于印发《加大工业固体废物资源综合利用和污染防治促进全省绿色转型高质量发展工作方案》的通知	山西省工业和信息化厅	2020 年 12 月	综合性政策
84	关于加强农村生活污水处理设施运行维护管理的指导意见	山东省生态环境厅山东省住房和城乡建设厅	2020 年 12 月	综合性政策
85	关于以新业态新模式引领新型消费加快发展的实施意见	吉林省人民政府	2020 年 12 月	综合性政策
86	关于印发《四川省城镇生活污水和城乡生活垃圾处理设施建设三年推进总体方案（2021—2023 年）》的通知	四川省人民政府	2020 年 12 月	综合性政策
87	关于推进盟市级国土空间生态修复规划编制工作的通知	内蒙古自治区自然资源厅	2020 年 12 月	综合性政策
88	关于实施"三线一单"生态环境分区管控的意见	内蒙古自治区人民政府	2020 年 12 月	综合性政策
89	关于全力推进砂石土矿专项整治有关问题的通知	湖南省自然资源厅	2019 年 11 月	绿色财政政策
90	关于印发《新疆维吾尔自治区环保专项资金激励措施实施办法（试行）》的通知	新疆维吾尔自治区生态环境厅新疆维吾尔自治区财政厅	2019 年 11 月	绿色财政政策
91	关于印发《甘肃省城市生活垃圾分类工作实施方案》的通知	甘肃省人民政府	2019 年 11 月	绿色财政政策
92	关于印发《陕西省生态环境损害赔偿资金管理实施办法》的通知（有效）	陕西省财政厅陕西省生态环境厅陕西省高级人民法院	2019 年 12 月	绿色财政政策
93	关于加强重点湖泊生态环境保护工作的指导意见	内蒙古自治区人民政府	2019 年 12 月	绿色财政政策
94	关于申报高星级绿色建筑运行标识项目奖励资金的通知	天津市住建局	2020 年 1 月	绿色财政政策
95	关于提前下达 2020 年中央农村环境整治专项资金预算的通知	内蒙古自治区财政厅	2020 年 1 月	绿色财政政策
96	关于提前下达 2020 年中央水污染防治专项资金预算的通知	内蒙古自治区财政厅	2020 年 1 月	绿色财政政策
97	关于提前下达 2020 年中央土壤污染防治专项资金预算的通知	内蒙古自治区财政厅	2020 年 1 月	绿色财政政策
98	关于安排北京市用能单位节能技改工程第十三批节能奖励资金的通知	北京市发展改革委	2020 年 1 月	绿色财政政策
99	关于 2020 省先进制造业发展专项资金拟支持项目信息的公示	河南省工业和信息化厅河南省财政厅	2020 年 1 月	绿色财政政策

序号	政策名称	发布部门	发布时间	政策类型
100	关于组织好 2020 年度新能源小客车公用充电设施项目建设投资补助资金申报工作的通知	北京市发展改革委	2020 年 1 月	绿色财政政策
101	关于提前下达 2020 年度可再生能源发展专项资金预算的通知	河南省财政厅	2020 年 1 月	绿色财政政策
102	关于提前下达中央 2020 年度重点生态保护修复治理资金的通知	河南省财政厅	2020 年 1 月	绿色财政政策
103	关于印发四川省大中型水利工程推进方案的通知	四川省发展改革委 四川省财政厅 四川省水利厅	2020 年 1 月	绿色财政政策
104	关于印发《宁夏回族自治区水利发展资金管理办法》的通知	宁夏回族自治区财政厅	2020 年 1 月	绿色财政政策
105	内蒙古自治区推进钢铁行业超低排放实施方案	内蒙古自治区生态环境厅	2020 年 1 月	绿色财政政策
106	关于天津市高星级绿色建筑运行标识奖励资金项目的公示	天津市住建局	2020 年 1 月	绿色财政政策
107	关于 2019 年第三批国三柴油车提前报废补贴名单的公示	上海市生态环境局	2020 年 1 月	绿色财政政策
108	关于推进更高水平气象现代化助力湖北高质量发展的意见	湖北省人民政府	2020 年 1 月	绿色财政政策
109	关于下达 2019 年度省级环境保护引导资金（市县切块部分第二批）的通知	江苏省财政厅	2020 年 1 月	绿色财政政策
110	甘肃省河湖违法行为有奖举报管理办法（试行）	甘肃省水利厅	2020 年 1 月	绿色财政政策
111	关于印发《湖南省水利科技经费管理办法》的通知	湖南省水利厅	2020 年 1 月	绿色财政政策
112	关于北京市用能单位节能技改工程第十四批节能量奖励资金项目公示的通知	北京市发展改革委	2020 年 1 月	绿色财政政策
113	关于印发《广东省省级生态环境专项资金项目库管理实施细则（试行）》的通知	广东省生态环境厅	2020 年 1 月	绿色财政政策
114	关于印发《浙江省生态环境保护专项资金管理办法》的通知	浙江省财政厅	2020 年 1 月	绿色财政政策
115	关于印发《省级林业专项资金管理办法》的通知	浙江省财政厅	2020 年 1 月	绿色财政政策
116	关于下达 2020 年中央水污染防治资金项目计划及任务清单的通知	广东省生态环境厅	2020 年 1 月	绿色财政政策
117	关于印发《江苏省农业生态保护与资源利用补助专项资金管理办法》的通知	江苏省财政厅	2020 年 1 月	绿色财政政策

序号	政策名称	发布部门	发布时间	政策类型
118	关于印发《海南省电动汽车充电基础设施建设运营补贴工作流程》的函	海南省发展改革委 海南省财政厅	2020 年 1 月	环境财政政策
119	关于拨付 2019 年市级重点造林绿化补助资金的通知	天津市财政局	2020 年 1 月	绿色财政政策
120	关于紧急下达 2020 年省级环保引导资金（疫情防控补助）的通知	江苏省财政厅	2020 年 2 月	绿色财政政策
121	关于下达 2020 年省级农村污水治理项目投资计划的通知	甘肃省生态环境厅	2020 年 2 月	绿色财政政策
122	关于下达 2020 年污染防治攻坚专项资金投资计划的通知（甘环规划发〔2020〕7 号）	甘肃省生态环境厅	2020 年 2 月	绿色财政政策
123	关于下达 2020 年省级农村环境整治项目投资计划的通知	甘肃省生态环境厅	2020 年 2 月	绿色财政政策
124	关于下达 2020 年省级污染防治项目专项资金投资计划的通知（甘环规划发〔2020〕4 号）	甘肃省生态环境厅	2020 年 2 月	绿色财政政策
125	关于下达 2020 年革命老区藏区少数民族地区环境保护专项资金投资计划的通知（甘环规划发〔2020〕3 号）	甘肃省生态环境厅	2020 年 2 月	绿色财政政策
126	关于下达天津市 2019 年"热电解耦"改造补贴资金计划的通知	天津市工业与信息化局	2020 年 2 月	绿色财政政策
127	关于公布 2020 年天津市节能专项资金补助备选项目名单的通知	天津市发展改革委	2020 年 2 月	绿色财政政策
128	关于下达 2020 年省打好污染防治攻坚战专项资金项目计划的通知	广东省发展改革委	2020 年 2 月	绿色财政政策
129	关于印发《辽宁省农业生产和水利救灾资金管理办法》的通知	辽宁省财政厅 辽宁省农业农村厅 辽宁省水利厅	2020 年 3 月	绿色财政政策
130	关于印发《四川省生态环境保护专项资金管理办法》的通知	四川省财政厅 四川省生态环境厅	2020 年 3 月	绿色财政政策
131	关于印发《天津市农田建设补助资金管理实施细则》的通知	天津市财政局 天津市农业农村委员会	2020 年 3 月	绿色财政政策
132	关于下达《2020 年第一批水利投资计划》的通知	广西壮族自治区水利厅	2020 年 3 月	绿色财政政策
133	吉林省农业水价综合改革精准补贴和节水奖励管理办法（试行）	吉林省财政厅	2020 年 3 月	绿色财政政策
134	关于下达 2020 年度重点生态保护修复治理资金的通知	内蒙古自治区财政厅	2020 年 3 月	绿色财政政策

序号	政策名称	发布部门	发布时间	政策类型
135	关于调整 2020 年中央农村环境整治提前下达资金预算指标的通知	内蒙古自治区财政厅	2020 年 3 月	绿色财政政策
136	关于拨付可再生能源电价附加补助资金的通知	内蒙古自治区财政厅	2020 年 3 月	绿色财政政策
137	关于印发《云南省加快推进城市生活垃圾分类工作实施方案》的通知	云南省人民政府办公厅	2020 年 3 月	绿色财政政策
138	关于印发《云南省贯彻绿色生活创建行动实施方案》的通知	云南省发展改革委	2020 年 3 月	绿色财政政策
139	关于下达 2020 年中央财政土壤污染防治资金项目计划及任务清单的通知	广东省生态环境厅	2020 年 3 月	绿色财政政策
140	关于下达本市 2020 年节能减排专项资金安排计划（第一批）的通知	上海市发展改革委	2020 年 3 月	绿色财政政策
141	关于印发《全区农业农村污染防治攻坚战 2020 年度重点工作安排》的通知	宁夏回族自治区生态环境厅 宁夏回族自治区党委农办	2020 年 3 月	绿色财政政策
142	关于抓好 2020 年电动汽车充电基础设施建设的函	海南省发展改革委	2020 年 3 月	绿色财政政策
143	关于明确"十三五"后两年民营煤矿去产能奖补资金政策的通知	吉林省财政厅 吉林省能源局	2020 年 3 月	绿色财政政策
144	关于下达 2020 年中央水、大气污染防治资金的通知	江苏省财政厅	2020 年 3 月	绿色财政政策
145	关于印发《浙江省自然资源专项资金管理办法》的通知	浙江省财政厅	2020 年 3 月	绿色财政政策
146	关于拨付市城市管理委 2019—2020 年采暖期第一批集中供热市级补贴资金的通知	天津市财政局	2020 年 3 月	绿色财政政策
147	关于印发广西壮族自治区 2020 年度大气污染防治攻坚实施计划的通知	广西壮族自治区生态环境厅	2020 年 3 月	绿色财政政策
148	关于印发《北京市进一步促进高排放老旧机动车淘汰更新方案（2020—2021 年）》办理流程及第三方工作职责的通知	北京市生态环境局	2020 年 3 月	绿色财政政策
149	关于下达 2020 年中央财政水利发展资金第二批投资计划的通知	广西壮族自治区水利厅	2020 年 3 月	绿色财政政策
150	关于印发《统筹做好疫情防控和经济社会发展生态环境保护工作实施方案》的通知	陕西省生态环境厅	2020 年 3 月	绿色财政政策
151	关于印发《广西农村环境综合整治项目管理办法》的通知	广西壮族自治区生态环境厅	2020 年 4 月	绿色财政政策
152	关于安排北京市用能单位节能技改工程 2020 年第一批（总第十四批）节能量奖励资金的通知	北京市发展改革委	2020 年 4 月	绿色财政政策

序号	政策名称	发布部门	发布时间	政策类型
153	关于实施汽车消费专项奖励的通知	山西省人民政府	2020 年 4 月	绿色财政政策
154	关于印发《2020 年内蒙古耕地地力保护补贴项目实施方案》的通知	内蒙古自治区财政厅 内蒙古自治区农牧厅	2020 年 4 月	绿色财政政策
155	关于印发《云南省地下水污染防治实施方案》的通知	云南省生态环境厅	2020 年 4 月	绿色财政政策
156	关于下达 2020 年土壤污染防治专项资金（第二批）的通知	浙江省财政厅 浙江省生态环境厅	2020 年 4 月	绿色财政政策
157	关于印发《土壤污染防治专项资金绩效评价管理暂行办法》的通知	广东省财政厅	2020 年 4 月	绿色财政政策
158	关于拨付市城市管理委天津梅江公园湖泊补水调蓄工程 2020 年度市级政府投资资金的通知	天津市财政局	2020 年 4 月	绿色财政政策
159	关于印发《关于进一步加强塑料污染治理的实施办法》的通知	青海省发展改革委 青海省生态环境厅	2020 年 4 月	绿色财政政策
160	关于下达 2020 年部门预算第二批水利投资计划的通知	广西壮族自治区水利厅	2020 年 4 月	绿色财政政策
161	关于下达《2020 年第一批重点流域水环境综合治理中央预算内投资计划》的通知	浙江省发展改革委	2020 年 4 月	绿色财政政策
162	关于下达 2020 年自治区环境保护专项资金预算的通知	内蒙古自治区财政厅	2020 年 4 月	绿色财政政策
163	关于下达 2020 年中央土壤污染防治专项资金预算的通知	内蒙古自治区财政厅	2020 年 4 月	绿色财政政策
164	关于下达 2020 年中央农村环境整治专项资金预算的通知	内蒙古自治区财政厅	2020 年 4 月	绿色财政政策
165	关于北京市用能单位节能技改工程 2020 年第二批（总第十五批）节能量奖励资金项目公示的通知	北京市发展改革委	2020 年 4 月	绿色财政政策
166	西藏自治区地质环境治理恢复基金管理办法（试行）	西藏自治区自然资源厅	2020 年 4 月	绿色财政政策
167	关于印发《农业生产和水利救灾资金管理实施细则》的通知	四川省财政厅 四川省水利厅 四川省农业农村厅	2020 年 4 月	绿色财政政策
168	关于印发《江苏省太湖流域水环境综合治理专项资金管理办法》的通知	江苏省财政厅	2020 年 4 月	绿色财政政策
169	关于印发《本市老旧汽车报废更新补贴实施细则》的通知	上海市商务委员会 上海市财政局	2020 年 4 月	绿色财政政策
170	关于实施新一轮绿色发展财政奖补机制的若干意见	浙江省人民政府	2020 年 4 月	绿色财政政策

序号	政策名称	发布部门	发布时间	政策类型
171	关于印发落实危险废物环境监管能力、利用处置能力和环境风险防范能力提升工作措施的通知	广西壮族自治区生态环境厅	2020 年 4 月	绿色财政政策
172	关于印发自治区突发地质灾害应急预案（2020 年版）的通知	内蒙古自治区人民政府办公厅	2020 年 4 月	绿色财政政策
173	关于安排北京市用能单位节能技改工程2020 年第二批（总第十五批）节能量奖励资金的通知	北京市发展改革委	2020 年 5 月	绿色财政政策
174	关于能耗在线监测系统建设补助资金使用计划（第一批）的公示	天津市发展改革委	2020 年 5 月	绿色财政政策
175	关于北京市用能单位节能技改工程 2020年第三批（总第十六批）节能量奖励资金项目公示的通知	北京市发展改革委	2020 年 5 月	绿色财政政策
176	关于下达 2020 年中央财政水利发展资金第三批投资计划的通知	广西壮族自治区水利厅	2020 年 5 月	绿色财政政策
177	关于下达本市 2020 年节能减排专项资金安排计划（第二批）的通知	上海市发展改革委	2020 年 5 月	绿色财政政策
178	关于加强长三角绿色农产品生产加工供应基地建设的实施意见	安徽省人民政府	2020 年 5 月	绿色财政政策
179	关于安排北京市用能单位节能技改工程2020 年第三批（总第十六批）节能量奖励资金的通知	北京市发展改革委	2020 年 5 月	绿色财政政策
180	关于下达河北省农村人居环境整治专项2020 年中央预算内投资计划的通知	河北省发展改革委河北省农业农村厅	2020 年 5 月	绿色财政政策
181	关于进一步加强生态环保资金管理的通知	山东省财政厅	2020 年 5 月	绿色财政政策
182	关于印发《甘肃省生态环境违法行为举报奖励办法（试行）》的通知	甘肃省生态环境厅甘肃省财政厅	2020 年 5 月	绿色财政政策
183	关于开展北京市 2020 年并网光伏发电项目国家补贴申报相关工作的通知	北京市发展改革委	2020 年 5 月	绿色财政政策
184	关于印发《关于落实〈北京市关于完善退耕还林后续政策的意见〉实施方案》的通知	北京市园林绿化局北京市财政局	2020 年 5 月	绿色财政政策
185	关于印发《江苏省自然资源保护利用专项资金管理办法》的通知	江苏省财政厅	2020 年 5 月	绿色财政政策
186	关于印发《江苏省自然资源发展专项资金管理办法》的通知	江苏省财政厅	2020 年 5 月	绿色财政政策
187	关于推进全省煤炭行业整治工作的意见	云南省人民政府办公厅	2020 年 5 月	绿色财政政策

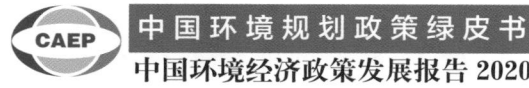
序号	政策名称	发布部门	发布时间	政策类型
188	关于印发天津市促进汽车消费若干措施的通知	天津市发展改革委	2020 年 5 月	绿色财政政策
189	关于下达 2020 年天津市节能专项资金使用计划（第一批）的通知	天津市发展改革委	2020 年 6 月	绿色财政政策
190	关于印发自治区重污染天气应急预案（2020 年版）的通知	内蒙古自治区人民政府办公厅	2020 年 6 月	绿色财政政策
191	关于下达 2020 年林业草原生态保护恢复资金的通知	内蒙古自治区财政厅	2020 年 6 月	绿色财政政策
192	关于推进美丽乡村建设高质量发展的实施意见	内蒙古自治区人民政府办公厅	2020 年 6 月	绿色财政政策
193	陕西省蓝天保卫战 2020 年工作方案	陕西省人民政府	2020 年 6 月	绿色财政政策
194	陕西省净土保卫战 2020 年工作方案	陕西省人民政府	2020 年 6 月	绿色财政政策
195	陕西省青山保卫战 2020 年工作方案	陕西省人民政府	2020 年 6 月	绿色财政政策
196	关于印发《上海市可再生能源和新能源发展专项资金扶持办法（2020 版）》的通知	上海市发展改革委	2020 年 6 月	绿色财政政策
197	购买新能源汽车充电补助拟支持消费者名单公示	上海市发展改革委	2020 年 6 月	绿色财政政策
198	关于印发《新疆维吾尔自治区管理使用中央财政水利发展资金实施细则》的通知	新疆维吾尔自治区财政厅 新疆维吾尔自治区水利厅	2020 年 6 月	绿色财政政策
199	关于下达本市 2020 年节能减排专项资金安排计划（第三批）的通知	上海市发展改革委	2020 年 6 月	绿色财政政策
200	第一批老旧汽车报废更新补贴拟支持名单公示	上海市商务委员会	2020 年 6 月	绿色财政政策
201	关于下达 2020 年省级环境保护引导资金（第一批省级统筹部分）预算指标的通知	江苏省财政厅	2020 年 6 月	绿色财政政策
202	关于北京市用能单位节能技改工程 2020 年第四批（总第十七批）节能量奖励资金项目公示的通知	北京市发展改革委	2020 年 6 月	绿色财政政策
203	关于下达 2020 年部门预算第三批水利投资计划的通知	广西壮族自治区水利厅	2020 年 6 月	绿色财政政策
204	关于做好 2020 年省以上农业生态保护与资源利用补助专项实施工作的通知	江苏省财政厅	2020 年 6 月	绿色财政政策
205	关于车用汽、柴油价格的通知	上海市发展改革委	2020 年 6 月	绿色财政政策

序号	政策名称	发布部门	发布时间	政策类型
206	关于下达 2020 年中央土壤污染防治资金（第二批）的通知	江苏省财政厅	2020 年 6 月	绿色财政政策
207	关于浙江省 2019 年及以前年度新能源汽车推广应用补助资金清算申报材料公示	浙江省发展改革委	2020 年 7 月	绿色财政政策
208	关于下达 2020 年度中央大气污染防治专项资金（氢氟碳化物销毁处置补贴）预算指标的通知	江苏省财政厅	2020 年 7 月	绿色财政政策
209	关于下达 2020 年度省级环境保护引导资金（市县切块部分第一批）的通知	江苏省财政厅	2020 年 7 月	绿色财政政策
210	关于下达 2020 年太湖流域水环境综合治理专项资金（省级统筹第一批）的通知	江苏省财政厅	2020 年 7 月	绿色财政政策
211	关于下达 2020年太湖流域水环境综合治理专项资金（切块地方资金第一批）的通知	江苏省财政厅	2020 年 7 月	绿色财政政策
212	关于印发海南省生活垃圾分类工作实施方案的通知	海南省人民政府办公厅	2020 年 7 月	绿色财政政策
213	关于安排北京市用能单位节能技改工程 2020 年第四批（总第十七批）节能量奖励资金的通知	北京市发展改革委	2020 年 7 月	绿色财政政策
214	关于北京市用能单位节能技改工程 2020 年第五批（总第十八批）节能量奖励资金项目公示的通知	北京市发展改革委	2020 年 7 月	绿色财政政策
215	关于下达本市 2020 年节能减排专项资金安排计划（第四批）的通知	上海市发展改革委	2020 年 7 月	绿色财政政策
216	关于转下达 2020 年中央节能减排补助资金预算（新能源汽车推广应用补助）的通知	广东省财政厅	2020 年 7 月	绿色财政政策
217	关于我区钢铁行业 2020 年度用电执行阶梯电价政策有关事项的通知	内蒙古自治区发展改革委	2020 年 7 月	绿色财政政策
218	关于印发河北省船舶污染事故应急预案的通知	河北省人民政府	2020 年 7 月	绿色财政政策
219	第二批老旧汽车报废更新补贴消费者名单公示	上海市商务委员会	2020 年 7 月	绿色财政政策
220	关于下达 2020 年中央城市管网及污水处理补助资金的通知	浙江省财政厅	2020 年 7 月	绿色财政政策
221	关于印发浙江省中央林业草原生态保护恢复资金管理实施办法和浙江省中央林业改革发展资金管理实施办法的通知	浙江省财政厅	2020 年 7 月	绿色财政政策
222	关于深化生态环境保护"放管服"改革规范畜禽养殖业环境管理的指导意见	重庆市生态环境局重庆市农业农村委员会	2020 年 7 月	绿色财政政策

中国环境规划政策绿皮书
中国环境经济政策发展报告 2020

序号	政策名称	发布部门	发布时间	政策类型
223	关于转发《财政部关于印发〈清洁能源发展专项资金管理暂行办法〉的通知》的通知	黑龙江省财政厅	2020 年 7 月	绿色财政政策
224	关于印发《西藏自治区关于进一步加强塑料污染治理的实施办法》的通知	西藏自治区发展改革委	2020 年 7 月	绿色财政政策
225	购买新能源汽车充电补助拟支持消费者名单公示	上海市发展改革委	2020 年 7 月	绿色财政政策
226	关于印发《2020 年推进实施车用柴油减量化发展工作方案》的通知	北京市城市管理委 北京市生态环境局	2020 年 7 月	绿色财政政策
227	关于分解下达生态文明建设专项 2020 年中央预算内投资计划（第二批）的通知	宁夏回族自治区发展改革委	2020 年 7 月	绿色财政政策
228	关于分解下达生态文明建设专项 2020 年中央预算内投资计划（第一批）的通知	宁夏回族自治区发展改革委	2020 年 7 月	绿色财政政策
229	关于安排北京市用能单位节能技改工程2020 年第五批（总第十八批）节能量奖励资金的通知	北京市发展改革委	2020 年 7 月	绿色财政政策
230	关于安排 2020 年中央财政农业资源及生态保护补助资金（第4批）的通知	广东省财政厅	2020 年 7 月	绿色财政政策
231	关于印发《内蒙古自治区城镇污水处理奖励资金管理办法》的通知	内蒙古自治区财政厅 住房和城乡建设厅	2020 年 7 月	绿色财政政策
232	关于奖励 2019 年生态环境质量明显改善地（州、市）的决定	新疆维吾尔自治区人民政府	2020 年 7 月	绿色财政政策
233	关于下达本市 2020 年节能减排专项资金安排计划（第五批）的通知	上海市发展改革委	2020 年 7 月	绿色财政政策
234	关于下达 2020 年中央林业草原生态保护恢复资金（第二批）的通知	浙江省财政厅	2020 年 7 月	绿色财政政策
235	关于下达 2020 年中央林业改革发展资金（第二批）的通知	浙江省财政厅	2020 年 7 月	绿色财政政策
236	关于下达中央财政 2020 年林业改革发展资金预算的通知	天津市财政局	2020 年 7 月	绿色财政政策
237	关于下达 2020 年中央财政水利发展资金预算的通知	天津市财政局	2020 年 7 月	绿色财政政策
238	关于分解下达生态文明建设专项 2020 年中央预算内投资计划（第三批）的通知	河北省发展改革委	2020 年 7 月	绿色财政政策
239	四川省流域梯级水电站间水库调节效益偿付管理办法	四川省经济和信息化厅	2020 年 7 月	绿色财政政策
240	关于拨付中央财政 2020 年林业改革发展资金的通知	天津市财政局	2020 年 7 月	绿色财政政策

序号	政策名称	发布部门	发布时间	政策类型
241	关于支持被动式超低能耗建筑产业发展若干政策的通知	河北省人民政府	2020 年 7 月	绿色财政政策
242	第三批老旧汽车报废更新补贴拟支持名单公示	上海市商务委员会	2020 年 7 月	绿色财政政策
243	关于下达 2020 年中央财政农业资源及生态保护补助资金（第五批）的通知	广东省财政厅	2020 年 7 月	绿色财政政策
244	关于清算下达 2020 年生态保护区财政补偿转移支付资金的通知	广东省财政厅	2020 年 7 月	绿色财政政策
245	关于收缴和下达 2019 年度水环境区域补偿、受偿资金及连续达标奖励资金（第一批）的通知	江苏省财政厅	2020 年 7 月	绿色财政政策
246	关于调整部分生态文明建设专项中央预算内投资计划的通知	河北省发展改革委	2020 年 7 月	绿色财政政策
247	关于印发《上海市天然气分布式供能系统发展专项扶持办法》的通知	上海市发展改革委	2020 年 7 月	绿色财政政策
248	关于组织开展 2020 年可再生能源和新能源发展专项资金扶持项目申报工作的通知	上海市发展改革委	2020 年 7 月	绿色财政政策
249	关于下达 2020 年中央大气污染防治、水污染防治资金（第二批）的通知	浙江省财政厅	2020 年 7 月	绿色财政政策
250	关于印发河北省生态环境领域省以下财政事权和支出责任划分改革实施方案的通知	河北省人民政府	2020 年 7 月	绿色财政政策
251	关于下达 2020 年太湖流域水环境综合治理专项资金（切块地方资金第二批）的通知	江苏省财政厅	2020 年 7 月	绿色财政政策
252	关于组织申报 2020 年省节能专项项目的通知	湖北省发展改革委	2020 年 7 月	绿色财政政策
253	关于印发青海省 2020 年度水污染防治工作方案的通知	青海省人民政府办公厅	2020 年 7 月	绿色财政政策
254	第四批老旧汽车报废更新补贴消费者名单公示	上海市商务委员会	2020 年 8 月	绿色财政政策
255	关于印发《中央土壤污染防治专项资金绩效评价管理实施细则》的通知	山东省财政厅	2020 年 8 月	绿色财政政策
256	关于下达 2020 年中央林业草原生态保护恢复资金（全面停止天然林商业性采伐补助）的通知	广东省财政厅	2020 年 8 月	绿色财政政策
257	关于印发重庆市 2020 年度新能源汽车推广应用财政补贴政策的通知	重庆市财政局 重庆市经济和信息化委员会 重庆市能源局	2020 年 8 月	绿色财政政策

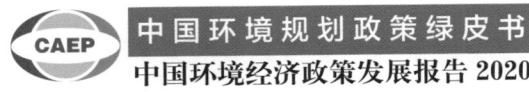

序号	政策名称	发布部门	发布时间	政策类型
258	关于印发自治区矿山环境治理实施方案的通知	内蒙古自治区人民政府	2020 年 8 月	绿色财政政策
259	购买新能源汽车充电补助拟支持消费者名单公示（第三批）	上海市发展改革委	2020 年 8 月	绿色财政政策
260	关于下达 2020 年中央自然灾害防治体系建设补助资金（第二批）的通知	浙江省财政厅	2020 年 8 月	绿色财政政策
261	关于下达 2020 年中央财政农村厕所革命奖补资金的通知	广东省财政厅	2020 年 8 月	绿色财政政策
262	关于下达河北省重大水利工程专项 2020 年第一批中央预算内投资计划的通知	河北省发展改革委	2020 年 8 月	绿色财政政策
263	关于下达河北省水生态治理、中小河流治理等其他水利工程专项 2020 年中央预算内投资计划的通知	河北省发展改革委	2020 年 8 月	绿色财政政策
264	关于下达 2020 年度省级环境保护引导资金（市县切块部分第二批）的通知	江苏省财政厅	2020 年 8 月	绿色财政政策
265	关于印发《贵州省锰产业绿色发展和锰渣治理奖补资金申报指南》的通知	贵州省工业和信息化厅 贵州省财政厅	2020 年 8 月	绿色财政政策
266	关于转下达水生态治理、中小河流治理等其他水利工程专项 2020 年第一批中央预算内投资计划的通知	广东省发展改革委	2020 年 8 月	绿色财政政策
267	关于印发《黑龙江省优势特色产业集群建设奖补资金管理办法》的通知	黑龙江省财政厅 黑龙江省农业农村厅	2020 年 8 月	环境财政政策
268	关于印发《关于贯彻落实加快建立绿色生产和消费法规政策体系的实施方案》的通知	山西省发展改革委 山西省司法厅	2020 年 8 月	环境财政政策
269	关于下达河北省重大水利工程专项 2020 年第二批中央预算内投资计划的通知	河北省发展改革委	2020 年 8 月	绿色财政政策
270	关于分解下达医疗废物处置设施建设项目 2020 年中央预算内投资计划（第一批）的通知	河北省发展改革委	2020 年 8 月	绿色财政政策
271	关于公示 2020 年浙江省光伏发电项目补贴清单的通知	浙江省发展改革委	2020 年 8 月	绿色财政政策
272	关于印发《安徽省自然灾害救灾资金管理实施细则》的通知	安徽省财政厅 安徽省应急管理厅	2020 年 8 月	绿色财政政策
273	关于印发《北京市中央水库移民后期扶持资金使用管理实施细则》的通知	北京市财政局 北京市水务局	2020 年 8 月	绿色财政政策
274	购买新能源汽车充电补助拟支持消费者名单公示（第四批）	上海市发展改革委	2020 年 8 月	绿色财政政策
275	关于下达 2020 年度全省农村生活污水治理提升行动奖补资金（第一批）的通知	江苏省财政厅	2020 年 8 月	绿色财政政策

序号	政策名称	发布部门	发布时间	政策类型
276	第五批老旧汽车报废更新补贴消费者名单公示	上海市商务委员会	2020 年 8 月	绿色财政政策
277	关于下达天津市 2020 年"热电解耦"改造补贴资金计划的通知	天津市工业与信息化局 天津市财政局	2020 年 8 月	绿色财政政策
278	关于安排北京市用能单位节能技改工程 2020 年第六批（总第十九批）节能量奖励资金的通知	北京市发展改革委	2020 年 8 月	绿色财政政策
279	关于印发《广西壮族自治区美丽幸福河湖建设实施方案》的通知	广西壮族自治区水利厅	2020 年 8 月	绿色财政政策
280	关于下达 2020 年打好污染防治攻坚战专项资金（年中追加）项目计划的通知	广东省生态环境厅	2020 年 8 月	绿色财政政策
281	关于下达 2020 年太湖流域水环境综合治理专项资金（省级统筹第二批）的通知	江苏省财政厅	2020 年 9 月	绿色财政政策
282	关于下达本市 2020 年节能减排专项资金安排计划（第六批）的通知	上海市发展改革委	2020 年 9 月	绿色财政政策
283	第六批老旧汽车报废更新补贴消费者名单公示	上海市商务委员会	2020 年 9 月	绿色财政政策
284	关于印发《重庆市支持新能源汽车推广应用激励措施（2020 年度）》的通知	重庆市人民政府	2020 年 9 月	绿色财政政策
285	购买新能源汽车充电补助拟支持消费者名单公示（第五批）	上海市发展改革委	2020 年 9 月	绿色财政政策
286	关于下达中央财政 2020 年海洋生态保护修复资金预算的通知	广东省财政厅	2020 年 9 月	绿色财政政策
287	关于分解下达医疗废物处置设施建设项目 2020 年中央预算内投资计划（第二批）的通知	河北省发展改革委	2020 年 9 月	绿色财政政策
288	关于开展 2020 年度辽宁省自然资源科技进步奖推荐工作的通知	广西自然资源厅	2020 年 9 月	绿色财政政策
289	关于印发《农业资源及生态保护补助资金管理办法》的通知	山西省财政厅 山西省农业农村厅	2020 年 9 月	环境财政政策
290	关于做好第一次全国自然灾害综合风险普查工作的通知	云南省人民政府办公厅	2020 年 9 月	绿色财政政策
291	关于申报 2020 年度全国绿色建筑创新奖的通知	天津市住建局	2020 年 9 月	绿色财政政策
292	转发国家发展改革委办公厅关于印发《县城新型城镇化建设专项企业债券发行指引》的通知	青海省发展改革委	2020 年 9 月	绿色财政政策

序号	政策名称	发布部门	发布时间	政策类型
293	关于北京市用能单位节能技改工程 2020 年第七批（总第二十批）节能量奖励资金项目公示的通知	北京市发展改革委	2020 年 9 月	绿色财政政策
294	关于印发青海省 2020 年控制温室气体排放工作方案的通知	青海省人民政府办公厅	2020 年 9 月	绿色财政政策
295	购买新能源汽车充电补助拟支持消费者名单公示（第六批）	上海市发展改革委	2020 年 9 月	绿色财政政策
296	关于下达 2020 年太湖流域水环境综合治理专项资金（省级统筹第三批）的通知	江苏省财政厅	2020 年 9 月	绿色财政政策
297	关于下达河北省农业可持续发展专项（畜禽粪污资源化利用整县推进项目和生猪规模化养殖场建设补助项目）2020 年中央预算内投资计划及任务清单的通知	河北省发展改革委	2020 年 9 月	绿色财政政策
298	关于 2020 年天津市节能专项资金使用计划的公示	天津市发展改革委	2020 年 9 月	绿色财政政策
299	关于印发《江苏省生态环境保护专项资金管理办法》的通知	江苏省财政厅	2020 年 9 月	绿色财政政策
300	关于 2020 年江苏省申报中央补贴生物质发电项目（第一批）名单的公示	江苏省发展改革委	2020 年 9 月	绿色财政政策
301	关于 2017 年度天津市新能源汽车推广应用第二批补助资金拟兑付情况的公示	天津市工业与信息化局	2020 年 9 月	绿色财政政策
302	关于福建省 2020 年申报中央补贴生物质发电项目（第一批）名单的公示	福建省发展改革委	2020 年 9 月	绿色财政政策
303	关于印发《内蒙古自治区应对气候变化及低碳发展专项资金管理办法》的通知	内蒙古自治区财政厅 内蒙古自治区生态环境厅	2020 年 9 月	绿色财政政策
304	关于印发《全省乡镇污水处理设施建设四年行动财政奖补办法》的通知	湖南省财政厅 湖南省住房和城乡建设厅	2020 年 9 月	绿色财政政策
305	河北省申报 2020 年生物质发电项目补贴情况公示	河北省发展改革委	2020 年 9 月	绿色财政政策
306	关于下达本市 2020 年节能减排专项资金安排计划（第七批）的通知	上海市发展改革委	2020 年 9 月	绿色财政政策
307	关于印发《上海市关于进一步加强塑料污染治理的实施方案》的通知	上海市发展改革委	2020 年 9 月	绿色财政政策
308	第七批老旧汽车报废更新补贴消费者名单公示	上海市商务委员会	2020 年 9 月	绿色财政政策
309	关于浙江省 2020 年拟申请中央补贴生物质发电项目（第一批）名单的公示	浙江省发展改革委	2020 年 9 月	绿色财政政策
310	关于印发《可再生能源电价附加资金管理办法》的通知	山东省财政厅	2020 年 9 月	绿色财政政策

序号	政策名称	发布部门	发布时间	政策类型
311	关于安排北京市用能单位节能技改工程2020年第七批（总第二十批）节能量奖励资金的通知	北京市发展改革委	2020年9月	绿色财政政策
312	关于2020年度天津市服务业专项资金项目评审结果的公示	天津市发展改革委	2020年9月	绿色财政政策
313	关于下达2020年天津市节能专项资金使用计划（第四批）暨能耗在线监测系统建设补助（第二批）的通知	天津市发展改革委	2020年9月	绿色财政政策
314	关于下达2020年天津市节能专项资金使用计划（第三批）的通知	天津市发展改革委	2020年9月	绿色财政政策
315	关于印发2020年黑龙江省秸秆综合利用工作实施方案的通知	黑龙江省人民政府	2020年9月	绿色财政政策
316	关于印发稳定和扩大汽车消费若干措施的通知	湖北省人民政府	2020年9月	绿色财政政策
317	关于做好湖泊清淤及综合治理工作的通知	湖北省人民政府	2020年9月	绿色财政政策
318	关于公示9月份我市生物质发电项目申报中央补贴相关信息的公告	天津市发展改革委	2020年10月	绿色财政政策
319	关于福建省2020年申报中央补贴生物质发电项目（沼气发电）名单的公示	福建省发展改革委	2020年10月	绿色财政政策
320	关于下达本市2020年节能减排专项资金安排计划（第八批）的通知	上海市发展改革委	2020年10月	绿色财政政策
321	关于下达2020年中央水污染防治资金（第二批）的通知	江苏省财政厅	2020年10月	绿色财政政策
322	关于印发浙江省水利建设与发展专项资金管理办法的通知	浙江省财政厅 浙江省水利厅	2020年10月	绿色财政政策
323	关于下达2020年林业草原生态保护恢复资金预算的通知	内蒙古自治区财政厅	2020年10月	绿色财政政策
324	关于下达2020年中央林业草原生态保护恢复资金预算的通知	内蒙古自治区财政厅	2020年10月	绿色财政政策
325	关于下达2020年中央水污染防治专项资金预算（第二批）的通知	内蒙古自治区财政厅	2020年10月	绿色财政政策
326	关于下达2020年林业改革发展资金预算的通知	内蒙古自治区财政厅	2020年10月	绿色财政政策
327	关于印发广西新能源汽车充电基础设施建设及配套运营服务财政补贴办法实施细则的通知	广西壮族自治区财政厅 广西壮族自治区发展改革委 广西壮族自治区工业和信息化厅 广西壮族自治区科技厅	2020年10月	绿色财政政策

序号	政策名称	发布部门	发布时间	政策类型
328	第八批老旧汽车报废更新补贴消费者名单公示	上海市商务委员会	2020 年 10 月	绿色财政政策
329	关于印发《甘肃省重污染天气应急预案（2020 修订版）》的通知	甘肃省生态环境厅 甘肃省大气污染治理领导小组办公室	2020 年 10 月	绿色财政政策
330	关于印发吉林省"秸秆变肉"工程实施方案的通知	吉林省人民政府	2020 年 10 月	绿色财政政策
331	关于下达本市 2020 年节能减排专项资金安排计划（第九批）的通知	上海市发展改革委	2020 年 10 月	绿色财政政策
332	购买新能源汽车充电补助拟支持消费者名单公示（第七批）	上海市发展改革委	2020 年 10 月	绿色财政政策
333	关于印发青海省城市生活垃圾分类工作实施方案的通知	青海省人民政府办公厅	2020 年 10 月	绿色财政政策
334	关于实施"三线一单"生态环境分区管控的通知	青海省人民政府	2020 年 10 月	绿色财政政策
335	关于印发《进一步加强塑料污染治理工作实施方案》的通知	青海省发展改革委 青海省生态环境厅	2020 年 10 月	绿色财政政策、环境税费政策
336	关于印发《山西省农村生活污水处理设施运行管理办法（试行）》的通知	山西省生态环境厅 山西省发展改革委 山西省财政厅 山西省农业农村厅	2020 年 10 月	绿色财政政策
337	关于北京市用能单位节能技改工程 2020 年第八批（总第二十一批）节能量奖励资金项目公示的通知	北京市发展改革委	2020 年 10 月	绿色财政政策
338	关于辽宁省自然资源科技创新项目补助情况的公示	辽宁省自然资源厅	2020 年 10 月	绿色财政政策
339	关于印发《青海省城镇生活垃圾分类和处理设施补短板强弱项实施方案》的通知	青海省发展改革委	2020 年 10 月	绿色财政政策
340	关于印发甘肃省生态环境领域省与市县财政事权和支出责任划分改革方案的通知	甘肃省人民政府办公厅	2020 年 10 月	绿色财政政策
341	关于下达本市 2020 年节能减排专项资金安排计划（第十批）的通知	上海市发展改革委	2020 年 10 月	绿色财政政策
342	关于下达 2020 年度地方债券资金支持生态修复项目资金计划的通知	广西壮族自治区自然资源厅 广西壮族自治区财政厅	2020 年 10 月	绿色财政政策
343	关于印发《广西农村生活污水处理设施运行维护管理办法（试行）》的通知	广西壮族自治区生态环境厅	2020 年 10 月	绿色财政政策

序号	政策名称	发布部门	发布时间	政策类型
344	关于印发《广西重要河流（西江、郁江、柳江、桂江）生态流量（水量）保障实施方案》的函	广西壮族自治区水利厅	2020 年 10 月	绿色财政政策
345	关于印发《吉林省生态环境领域财政事权和支出责任划分改革方案》的通知	吉林省人民政府	2020 年 11 月	绿色财政政策
346	关于印发《自治区工业领域电力需求侧管理专项资金管理办法》的通知	广西壮族自治区财政厅 广西壮族自治区工业和信息化厅	2020 年 11 月	绿色财政政策
347	关于下达 2020 年部门预算第四批水利投资计划的通知	广西壮族自治区水利厅	2020 年 11 月	绿色财政政策
348	关于安排北京市用能单位节能技改工程 2020 年第八批（总第二十一批）节能量奖励资金的通知	北京市发展改革委	2020 年 11 月	绿色财政政策
349	购买新能源汽车充电补助拟支持消费者名单公示（第八批）	上海市发展改革委	2020 年 11 月	绿色财政政策
350	第九批老旧汽车报废更新补贴消费者名单公示	上海市商务委员会	2020 年 11 月	绿色财政政策
351	关于印发《新疆维吾尔自治区中央农业资源及生态保护补助资金管理实施细则》的通知	新疆维吾尔自治区农业农村厅 新疆维吾尔自治区财政厅	2020 年 11 月	绿色财政政策
352	关于印发《新疆维吾尔自治区农田建设补助资金管理办法》的通知	新疆维吾尔自治区农业农村厅 新疆维吾尔自治区财政厅	2020 年 11 月	绿色财政政策
353	关于印发《安徽省农作物秸秆综合利用奖补资金管理办法》的通知	安徽省财政厅 安徽省农业农村厅	2020 年 11 月	绿色财政政策
354	关于印发《青海省省级住房城乡建设发展专项资金管理办法》的通知	青海省财政厅	2020 年 11 月	绿色财政政策
355	关于加快推进广西百色重点开发开放试验区高质量建设若干政策的通知	广西壮族自治区人民政府办公厅	2020 年 11 月	绿色财政政策
356	关于组织申报 2021 年天津市节能专项资金补助备选项目的通知	天津市发展改革委	2020 年 11 月	环境财政政策
357	关于印发《陕西省省级财政农业专项资金管理办法》的通知	陕西省财政厅 陕西省农业农村厅	2020 年 11 月	绿色财政政策
358	关于做好本市可再生能源发电国家补贴清单项目确认工作的通知	上海市发展改革委	2020 年 11 月	绿色财政政策
359	宁夏回族自治区农业生产和水利救灾资金管理实施细则	宁夏回族自治区财政厅	2020 年 11 月	绿色财政政策

序号	政策名称	发布部门	发布时间	政策类型
360	购买新能源汽车充电补助拟支持消费者名单公示（第九批）	上海市发展改革委	2020 年 11 月	绿色财政政策
361	申请 2021 年省级节能与循环经济专项资金备选项目的公示	河北省发展改革委	2020 年 11 月	绿色财政政策
362	关于下达本市 2020 年节能减排专项资金安排计划（第十一批）的通知	上海市发展改革委	2020 年 11 月	绿色财政政策
363	关于印发重庆市城市园林绿化补偿费管理办法的通知	重庆市人民政府	2020 年 11 月	绿色财政政策
364	关于印发山西省建制镇生活污水处理设施建设三年攻坚行动实施方案的通知	山西省人民政府	2020 年 11 月	绿色财政政策
365	关于印发《四川省历史遗留废弃矿山生态修复项目管理办法》的通知	四川省自然资源厅	2020 年 11 月	绿色财政政策
366	关于印发省级重点生态保护修复治理资金管理办法的通知	四川省财政厅四川省自然资源厅	2020 年 11 月	绿色财政政策
367	关于印发《内蒙古自治区清洁生产审核实施细则》的通知	内蒙古自治区发展改革委内蒙古自治区生态环境厅内蒙古自治区工业和信息化厅	2020 年 11 月	绿色财政政策
368	关于印发青海省 2021—2022 年度政府集中采购目录及限额标准的通知	青海省人民政府办公厅	2020 年 11 月	绿色财政政策
369	关于印发甘肃省自然资源领域省与市县财政事权和支出责任划分改革方案的通知	甘肃省人民政府办公厅	2020 年 11 月	绿色财政政策
370	关于下达本市 2020 年节能减排专项资金安排计划（第十二批）的通知	上海市发展改革委	2020 年 11 月	绿色财政政策
371	关于提前下达 2021 年中央城市管网及污水处理补助资金的通知	浙江省财政厅	2020 年 12 月	绿色财政政策
372	关于提前下达 2021 年生态保护区财政补偿转移支付资金的通知	广东省财政厅	2020 年 12 月	绿色财政政策
373	关于福建省申请 2021 年重点流域水环境综合治理中央预算内投资计划安排建议项目的公示	福建省发展改革委	2020 年 12 月	绿色财政政策
374	关于提前下达中央财政 2021 年重点生态保护修复治理资金预算（第一批）的通知	广东省财政厅	2020 年 12 月	绿色财政政策
375	关于开展 2021 年度自治区应对气候变化及低碳发展专项资金申报工作的通知	内蒙古自治区生态环境厅	2020 年 12 月	绿色财政政策
376	上海市 2020 年度可再生能源专项资金拨付计划（草案）公示	上海市发展改革委	2020 年 12 月	绿色财政政策
377	关于下达煤炭储备能力建设项目 2020 年中央预算内投资计划的通知	吉林省发展改革委吉林省工信厅	2020 年 12 月	绿色财政政策

序号	政策名称	发布部门	发布时间	政策类型
378	关于下达 2020 年中央林业草原生态保护恢复资金预算的通知	内蒙古自治区财政厅	2020 年 12 月	绿色财政政策
379	关于印发《进一步加强海漂垃圾综合治理行动方案》的通知	福建省人民政府	2020 年 12 月	绿色财政政策
380	关于提前下达 2021 年中央节能减排（循环经济试点示范项目—园区循环改造）补助清算资金的通知	广东省财政厅	2020 年 12 月	绿色财政政策
381	关于进一步加强土壤和地下水污染防治、农村环境整治中央资金项目管理的通知	吉林省生态环境厅	2020 年 12 月	环境财政政策
382	关于印发《广西壮族自治区绿色建筑创建行动方案》的通知	广西壮族自治区住房和城乡建设厅	2020 年 12 月	绿色财政政策
383	关于提前下达 2021 年中央重点生态保护修复治理资金的通知	浙江省财政厅	2020 年 12 月	绿色财政政策
384	关于下达本市 2020 年节能减排专项资金安排计划（第十三批）的通知	上海市发展改革委	2020 年 12 月	绿色财政政策
385	关于印发青海省生态环境领域省与市州县财政事权和支出责任划分改革实施方案的通知	青海省人民政府办公厅	2020 年 12 月	绿色财政政策
386	上海市 2020 年度分布式供能系统和燃气空调专项扶持资金拨付计划（草案）公示	上海市发展改革委	2020 年 12 月	绿色财政政策
387	2019 年 10 月—2020 年 4 月上海市电动汽车充换电设施补贴资金拨付计划（草案）公示	上海市发展改革委	2020 年 12 月	绿色财政政策
388	关于提前下达 2021 年第一批中央水利发展资金分解计划的通知	宁夏回族自治区水利厅	2020 年 12 月	绿色财政政策
389	第十一批老旧汽车报废更新补贴消费者名单公示	上海市商务委员会	2020 年 12 月	绿色财政政策
390	关于提前下达 2021 年中央土壤污染防治专项资金的通知	浙江省财政厅 省生态环境厅	2020 年 12 月	绿色财政政策
391	关于印发山东省林业改革发展资金管理实施细则的通知	山东省人民政府	2020 年 12 月	绿色财政政策
392	购买新能源汽车充电补助拟支持消费者名单公示（第十批）	上海市发展改革委	2020 年 12 月	绿色财政政策
393	关于切实做好 2021 年水利发展资金农村水利项目建设管理工作的通知	甘肃省水利厅	2020 年 12 月	绿色财政政策
394	关于下达 2020 年省生态环境保护专项资金（第二批省级统筹部分）的通知	江苏省财政厅	2020 年 12 月	绿色财政政策
395	关于提前下达中央 2021 年重点生态保护修复治理资金预算（第一批）的通知	河南省财政厅	2020 年 12 月	绿色财政政策

序号	政策名称	发布部门	发布时间	政策类型
396	关于提前下达 2021 年中央财政农业资源及生态保护补助资金（第 1 批）的通知	广东省财政厅	2020 年 12 月	绿色财政政策
397	关于提前下达 2021 年节能减排补助资金（节能与新能源公交车运营补助）的通知	广东省财政厅	2020 年 12 月	绿色财政政策
398	关于实施"三线一单"生态环境分区管控的意见	广西壮族自治区人民政府	2020 年 12 月	绿色财政政策
399	新疆维吾尔自治区生态环境违法行为举报奖励办法（试行）	新疆维吾尔自治区生态环境厅	2020 年 12 月	绿色财政政策
400	宁夏回族自治区自然灾害救灾资金管理实施细则	宁夏回族自治区财政厅	2020 年 12 月	绿色财政政策
401	关于下达 2020 年部门预算第五批水利投资计划的通知	广西壮族自治区水利厅	2020 年 12 月	绿色财政政策
402	关于印发《山西省城镇排水管网雨污分流改造四年攻坚行动方案》的通知	山西省人民政府	2020 年 12 月	绿色财政政策
403	关于印发《山西省生态环境保护专项资金绩效评价办法》的通知	山西省生态环境厅 山西省财政厅	2020 年 12 月	绿色财政政策
404	关于印发《浙江省中央自然灾害救灾资金管理暂行办法实施细则》的通知	浙江省财政厅 浙江省生态环境厅	2020 年 12 月	绿色财政政策
405	关于提前下达 2021 年中央大气污染防治资金的通知	浙江省财政厅	2020 年 12 月	绿色财政政策
406	关于提前下达 2021 年并调整部分 2019 年中央水污染防治资金的通知	浙江省财政厅 浙江省生态环境厅	2020 年 12 月	绿色财政政策
407	关于提前下达 2021 年打好污染防治攻坚战—加氢站建设专项资金的通知	广东省财政厅	2020 年 12 月	绿色财政政策
408	关于修改《建立健全生态文明建设财政奖补机制实施方案》的通知	山东省财政厅	2020 年 12 月	绿色财政政策
409	关于下达 2020 年新能源汽车整车生产企业贴息资金的通知	广东省财政厅	2020 年 12 月	绿色财政政策
410	关于提前下达 2021 年中央财政水利发展资金第一批投资计划的通知	广西壮族自治区水利厅	2020 年 12 月	绿色财政政策
411	关于印发甘肃省自然资源专项资金管理办法的通知	甘肃省财政厅 甘肃省自然资源厅	2020 年 12 月	绿色财政政策
412	关于印发吉林省自然资源领域财政事权和支出责任划分改革方案的通知	吉林省人民政府	2020 年 12 月	绿色财政政策
413	关于印发贵州省生态环境领域省以下财政事权和支出责任划分改革方案的通知	贵州省财政厅	2020 年 12 月	绿色财政政策
414	关于印发西藏自治区"三线一单"生态环境分区管控方案的通知	西藏自治区政府办公厅	2020 年 12 月	绿色财政政策

序号	政策名称	发布部门	发布时间	政策类型
415	关于加快推进清洁生产工作的指导意见	海南省人民政府办公厅	2021 年 1 月	绿色财政政策
416	关于印发《海南省重点产业发展专项资金管理办法》的通知	海南省财政厅	2020 年 3 月	绿色财政政策
417	青海省清洁取暖省级奖补资金管理办法及政策解读	青海省财政厅	2020 年 12 月	绿色财政政策
418	关于印发西藏自治区生态环境领域自治区与地市财政事权和支出责任划分改革方案的通知	西藏自治区人民政府办公厅	2021 年 1 月（文稿日期 2020 年 12 月）	绿色财政政策
419	关于印发天津市深化燃煤发电上网电价机制改革实施方案的通知	天津市发展改革委	2020 年 1 月	环境资源价格政策
420	关于公布今冬供暖期非居民天然气销售价格有关事项的通知	天津市发展改革委	2020 年 1 月	环境资源价格政策
421	关于公布城市燃气管网配气价格的通知	天津市发展改革委	2020 年 1 月	环境资源价格政策
422	关于部分发电项目上网电价有关问题的通知	天津市发展改革委	2020 年 1 月	环境资源价格政策
423	关于印发福建省深化燃煤发电上网电价形成机制改革实施方案的通知	福建省发展改革委	2020 年 1 月	环境资源价格政策
424	关于调整民用瓶装液化石油气最高零售价格的通知	上海市发展改革委	2020 年 1 月	环境资源价格政策
425	浙江省成品油价格按机制不做调整	浙江省发展改革委	2020 年 1 月	环境资源价格政策
426	关于《省发展改革委、省工信厅关于完善差别化电价政策促进绿色发展的通知（征求意见稿）》公开征求意见的情况反馈	江苏省发展改革委	2020 年 1 月	环境资源价格政策
427	关于印发《关于进一步做好全省水产养殖清退整改工作中渔民转产转业养殖用海审批和海域使用金征收工作的意见》的通知	海南省自然资源和规划厅 海南省司法厅 海南省财政厅 海南省农业农村厅 海南省生态环境厅	2020 年 1 月	环境资源价格政策
428	青海省节约用水管理办法	青海省人民政府	2020 年 1 月	环境资源价格政策
429	关于进一步完善全省乡镇污水处理收费政策和征收管理制度的通知	湖南省发展改革委	2020 年 1 月	环境资源价格政策
430	本市成品油价格按机制下调	北京市发展改革委	2020 年 2 月	环境资源价格政策
431	关于调整我市成品油价格的公告	天津市发展改革委	2020 年 2 月	环境资源价格政策

序号	政策名称	发布部门	发布时间	政策类型
432	关于调整成品油价格的公告（2020 年第 1 号）	河北省发展改革委	2020 年 2 月	环境资源价格政策
433	关于车用汽、柴油价格的通知	上海市发展改革委	2020 年 2 月	环境资源价格政策
434	江苏省成品油价格调整公告（2020 年第 1 号）	江苏省发展改革委	2020 年 2 月	环境资源价格政策
435	浙江省成品油价格按机制下调	浙江省发展改革委	2020 年 2 月	环境资源价格政策
436	关于成品油价格调整的通告	福建省发展改革委	2020 年 2 月	环境资源价格政策
437	我省成品油价格调整（2020 年 2 月 4 日）	山东省发展改革委	2020 年 2 月	环境资源价格政策
438	我省按国家规定调整成品油最高批发价格和最高零售价格	甘肃省发展改革委	2020 年 2 月	环境资源价格政策
439	关于严格落实疫情防控期间支持性电价政策的通知	云南省发展改革委	2020 年 2 月	环境资源价格政策
440	关于调整成品油价格的公告（2020 年第 2 号）	河北省发展改革委	2020 年 2 月	环境资源价格政策
441	本市成品油价格按机制下调	北京市发展改革委	2020 年 2 月	环境资源价格政策
442	关于调整我市成品油价格的公告	天津市发展改革委	2020 年 2 月	环境资源价格政策
443	关于车用汽、柴油价格的通知	上海市发展改革委	2020 年 2 月	环境资源价格政策
444	江苏省成品油价格调整公告（2020 年第 2 号）	江苏省发展改革委	2020 年 2 月	环境资源价格政策
445	浙江省成品油价格按机制下调	浙江省发展改革委	2020 年 2 月	环境资源价格政策
446	关于成品油价格调整的通告	福建省发展改革委	2020 年 2 月	环境资源价格政策
447	我省成品油价格调整（2020 年 2 月 18 日）	山东省发展改革委	2020 年 2 月	环境资源价格政策
448	关于印发《深化燃煤发电上网电价形成机制改革的实施方案》的通知	内蒙古自治区发展改革委	2020 年 2 月	环境资源价格政策
449	我省按国家规定调整成品油最高批发价格和最高零售价格	甘肃省发展改革委	2020 年 2 月	环境资源价格政策
450	浙江省成品油价格按机制不做调整	浙江省发展改革委	2020 年 3 月	环境资源价格政策

序号	政策名称	发布部门	发布时间	政策类型
451	关于新冠肺炎疫情防控期间森林植被恢复费政策的通知	云南省财政厅 云南省林业和草原局	2020 年 3 月	环境资源价格政策
452	关于调整中海福建天然气有限责任公司印尼合同天然气门站价格的通知	福建省发展改革委	2020 年 3 月	环境资源价格政策
453	关于下达 2020 年农业水价综合改革实施计划的通知	福建省发展改革委	2020 年 3 月	环境资源价格政策
454	关于印发《广东省海域使用金征收标准》的通知	广东省自然资源厅	2020 年 3 月	环境资源价格政策
455	关于 2020 年阶段性降低非居民用气价格支持企业复工复产的通知	内蒙古自治区发展改革委	2020 年 3 月	环境资源价格政策
456	关于明确临时性疫情防控站（点）用电价格的通知	内蒙古自治区发展改革委	2020 年 3 月	环境资源价格政策
457	关于阶段性降低我省非居民用气成本的通知	陕西省发展改革委	2020 年 3 月	环境资源价格政策
458	云南省发展改革委关于阶段性降低非居民用气成本有关事项的通知	云南省发展改革委	2020 年 3 月	环境资源价格政策
459	本市成品油价格按机制下调	北京市发展改革委	2020 年 3 月	环境资源价格政策
460	关于调整我市成品油价格的公告	天津市发展改革委	2020 年 3 月	环境资源价格政策
461	关于调整成品油价格的公告（2020 年第 3 号）	河北省发展改革委	2020 年 3 月	环境资源价格政策
462	江苏省成品油价格调整公告（2020 年第 3 号）	江苏省发展改革委	2020 年 3 月	环境资源价格政策
463	浙江省成品油价格按机制下调	浙江省发展改革委	2020 年 3 月	环境资源价格政策
464	关于成品油价格调整的通告	福建省发展改革委	2020 年 3 月	环境资源价格政策
465	我省成品油价格调整（2020 年 3 月 17 日）	山东省发展改革委	2020 年 3 月	环境资源价格政策
466	我省按国家规定调整成品油最高批发价格和最高零售价格	甘肃省发展改革委	2020 年 3 月	环境资源价格政策
467	关于印发《关于深化燃煤发电上网电价形成机制改革的实施方案》的通知	云南省发展改革委	2020 年 3 月	环境资源价格政策
468	湖南省发展改革委关于 2020 年部分县城建立居民阶梯水价制度的通知	湖南省发展改革委	2020 年 3 月	环境资源价格政策
469	辽宁省成品油价格调整公告	辽宁省发展改革委	2020 年 3 月	环境资源价格政策

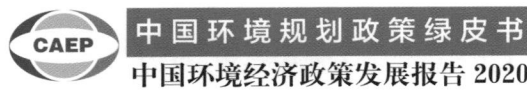

序号	政策名称	发布部门	发布时间	政策类型
470	关于神华（康保）新能源有限公司国华哈路风电场参与冀北电力市场化交易的公示	河北省发展改革委	2020 年 3 月	环境资源价格政策
471	关于天津市 2020 年至 2023 年居民冬季清洁取暖有关运行政策的通知	天津市发展改革委	2020 年 3 月	环境资源价格政策
472	关于印发《新疆维吾尔自治区深化燃煤发电上网电价形成机制改革实施方案》的通知	新疆维吾尔自治区发展改革委	2020 年 3 月	环境资源价格政策
473	山东省水土保持补偿费征收使用管理办法	山东省水利厅	2020 年 3 月	环境资源价格政策
474	关于调整天然气门站价格的通知	浙江省发展改革委	2020 年 3 月	环境资源价格政策
475	浙江省成品油价格按机制不做调整	浙江省发展改革委	2020 年 4 月	环境资源价格政策
476	关于印发《辽宁省深化燃煤发电上网电价形成机制改革实施方案》的通知	辽宁省发展改革委	2020 年 4 月	环境资源价格政策
477	关于福建省南平铝业股份有限公司 2019 年度执行阶梯电价有关问题的函	福建省发展改革委	2020 年 4 月	环境资源价格政策
478	关于调整天然气发电机组上网电价的通知	浙江省发展改革委	2020 年 4 月	环境资源价格政策
479	关于钢铁企业试行超低排放差别化电价政策的通知	山东省发展改革委 山东省生态环境厅	2020 年 4 月	环境资源价格政策
480	浙江省成品油价格按机制不做调整	浙江省发展改革委	2020 年 4 月	环境资源价格政策
481	关于华能康保闫油坊风电场、华能康保徐家营风电场参与冀北电力市场化交易的公示	河北省发展改革委	2020 年 4 月	环境资源价格政策
482	关于河北大唐国际唐山北郊热电有限责任公司 1 号机组、京能秦皇岛热电有限公司 1 号机组参与冀北电力市场化交易的公示	河北省发展改革委	2020 年 4 月	环境资源价格政策
483	浙江省成品油价格按机制不做调整	浙江省发展改革委	2020 年 4 月	环境资源价格政策
484	关于 2020 年天津市节能专项资金使用计划（第一批）的公示	天津市发展改革委	2020 年 5 月	环境资源价格政策
485	关于调整民用瓶装液化石油气最高零售价格的通知	上海市发展改革委	2020 年 5 月	环境资源价格政策
486	关于印发《山东省水土保持补偿费征收使用管理办法》的通知	山东省人民政府	2020 年 5 月	环境资源价格政策
487	关于进一步做好全省阶段性价格临时补贴工作的通知	辽宁省发展改革委	2020 年 5 月	环境资源价格政策

序号	政策名称	发布部门	发布时间	政策类型
488	关于我区电解铝企业 2020 年度用电执行阶梯电价政策有关事项的通知	内蒙古自治区发展改革委	2020 年 5 月	环境资源价格政策
489	浙江省成品油价格按机制不作调整	浙江省发展改革委	2020 年 5 月	环境资源价格政策
490	河北省 2020 年平价光伏发电项目拟安排情况公示	河北省发展改革委	2020 年 5 月	环境资源价格政策
491	关于转发《国家发展改革委价格认证中心关于印发〈林木价格认定规则（2020）〉的通知》的通知	甘肃省发展改革委	2020 年 5 月	环境资源价格政策
492	浙江省成品油价格按机制不作调整	浙江省发展改革委	2020 年 5 月	环境资源价格政策
493	广州市印发再生水价格管理的指导意见（试行）	广州市水务局	2020 年 6 月	环境资源价格政策
494	关于印发海南省 2020 年电力市场化交易方案的通知	海南省发展改革委 国家能源局南方监管局	2020 年 6 月	环境资源价格政策
495	浙江省成品油价格按机制不作调整	浙江省发展改革委	2020 年 6 月	环境资源价格政策
496	关于本市污水处理企业用电价格相关事项的通知	上海市发展改革委	2020 年 6 月	环境资源价格政策
497	关于完善部分环保行业用电支持政策的补充通知	辽宁省发展改革委	2020 年 6 月	环境资源价格政策
498	关于延续执行淡季非居民用天然气终端销售价格的通知	内蒙古自治区发展改革委	2020 年 6 月	环境资源价格政策
499	本市成品油价格按机制上调	北京市发展改革委	2020 年 6 月	环境资源价格政策
500	关于调整我市成品油价格的公告	天津市发展改革委	2020 年 6 月	环境资源价格政策
501	关于调整成品油价格的公告（2020 年第 4 号）	河北省发展改革委	2020 年 6 月	环境资源价格政策
502	辽宁省成品油价格调整公告	辽宁省发展改革委	2020 年 6 月	环境资源价格政策
503	江苏省成品油价格调整公告（2020 年第 4 号）	江苏省发展改革委	2020 年 6 月	环境资源价格政策
504	浙江省成品油价格按机制上调	浙江省发展改革委	2020 年 6 月	环境资源价格政策
505	关于成品油价格调整的通告	福建省发展改革委	2020 年 6 月	环境资源价格政策
506	我省成品油价格调整（2020 年 6 月 28 日）	山东省发展改革委	2020 年 6 月	环境资源价格政策

215

中国环境规划政策绿皮书
中国环境经济政策发展报告 2020

序号	政策名称	发布部门	发布时间	政策类型
507	关于明确部分环保行业用电价格有关事宜的通知	新疆维吾尔自治区发展改革委能价处	2020 年 6 月	环境资源价格政策
508	我省按国家规定调整成品油最高批发价格和最高零售价格	甘肃省发展改革委	2020 年 6 月	环境资源价格政策
509	关于延续执行城市燃气管网非居民天然气淡季销售价格政策的通知	天津市发展改革委	2020 年 6 月	环境资源价格政策
510	关于延长阶段性降低企业用电成本政策的通知	辽宁省发展改革委	2020 年 6 月	环境资源价格政策
511	关于重新制定我省水土保持补偿费收费标准等有关问题的函	福建省发展改革委	2020 年 7 月	环境资源价格政策
512	关于延长阶段性水电气价格优惠政策的通知	湖北省发展改革委	2020 年 7 月	环境资源价格政策
513	关于公布河北省 2020 年竞价光伏发电项目名单的通知	河北省发展改革委	2020 年 7 月	环境资源价格政策
514	关于全区水泥企业 2019 年度用电执行阶梯电价政策有关事项的通知	广西壮族自治区发展改革委	2020 年 7 月	环境资源价格政策
515	本市成品油价格按机制上调	北京市发展改革委	2020 年 7 月	环境资源价格政策
516	关于调整我市成品油价格的公告	天津市发展改革委	2020 年 7 月	环境资源价格政策
517	关于调整成品油价格的公告（2020 年第 5 号）	河北省发展改革委	2020 年 7 月	环境资源价格政策
518	关于车用汽、柴油价格的通知	上海市发展改革委	2020 年 7 月	环境资源价格政策
519	江苏省成品油价格调整公告（2020 年第 5 号）	江苏省发展改革委	2020 年 7 月	环境资源价格政策
520	浙江省成品油价格按机制上调	浙江省发展改革委	2020 年 7 月	环境资源价格政策
521	关于成品油价格调整的通告	福建省发展改革委	2020 年 7 月	环境资源价格政策
522	我省成品油价格调整（2020 年 7 月 10 日）	山东省发展改革委	2020 年 7 月	环境资源价格政策
523	关于对钢铁、水泥企业试行超低排放差别化电价、水价政策推进环境空气质量持续改善的通知	河南省生态环境厅	2020 年 7 月	环境资源价格政策
524	我省按国家规定调整成品油最高批发价格和最高零售价格	甘肃省发展改革委	2020 年 7 月	环境资源价格政策
525	关于建立非居民用天然气销售价格联动机制的通知	内蒙古自治区发展改革委	2020 年 7 月	环境资源价格政策

序号	政策名称	发布部门	发布时间	政策类型
526	关于召开天津市降低燃气管网居民用气价格听证会公告	天津市发展改革委	2020 年 7 月	环境资源价格政策
527	关于调整天然气省级门站价格的通知	浙江省发展改革委	2020 年 7 月	环境资源价格政策
528	关于调整天然气发电机组上网电价的通知	浙江省发展改革委	2020 年 7 月	环境资源价格政策
529	关于加强海域使用金、无居民海岛使用金征收管理意见的通知	浙江省政府办公厅	2020 年 7 月	环境资源价格政策
530	关于华电邵武电厂三期工程 4 号机组上网电价的通知	福建省发展改革委	2020 年 7 月	环境资源价格政策
531	浙江省成品油价格按机制不做调整	浙江省发展改革委	2020 年 7 月	环境资源价格政策
532	关于转发《关于完善长江经济带污水处理收费机制有关政策的指导意见》的通知	上海市发展改革委	2020 年 7 月	环境资源价格政策
533	甘肃省节约用水条例	甘肃省人民代表大会常务委员会	2020 年 8 月	环境资源价格政策
534	关于完善居民水、电、气阶梯价格"一户多人口"政策有关事项的通知	上海市发展改革委	2020 年 8 月	环境资源价格政策
535	关于公布河北省 2020 年平价光伏发电项目的通知	河北省发展改革委	2020 年 8 月	环境资源价格政策
536	关于调整民用瓶装液化石油气最高零售价格的通知	上海市发展改革委	2020 年 8 月	环境资源价格政策
537	浙江省成品油价格按机制不做调整	浙江省发展改革委	2020 年 8 月	环境资源价格政策
538	2020年第二季度河北省燃煤发电机组和近期新享受环保电价燃煤发电机组大气污染物排放核定结果公示	河北省生态环境厅	2020 年 8 月	环境资源价格政策
539	转发《关于完善长江经济带污水处理收费机制有关政策指导意见》的通知	云南省发展改革委	2020 年 8 月	环境资源价格政策
540	关于对国电电力邯郸东郊热电有限责任公司 2 号机组进入河北南网电力直接交易主体目录的通告	河北省发展改革委	2020 年 8 月	环境资源价格政策
541	关于河北大唐国际唐山北郊热电有限责任公司 2 号机组等参与冀北电力市场化交易的公示	河北省发展改革委	2020 年 8 月	环境资源价格政策
542	关于进一步明确 2020 年度省内统调燃煤电厂上网电量综合价的通知	浙江省发展改革委 浙江省能源局 浙江能源监管办	2020 年 8 月	环境资源价格政策

217

序号	政策名称	发布部门	发布时间	政策类型
543	本市成品油价格按机制上调	北京市发展改革委	2020 年 8 月	环境资源价格政策
544	关于调整我市成品油价格的公告	天津市发展改革委	2020 年 8 月	环境资源价格政策
545	关于调整成品油价格的公告（2020 年第 6 号）	河北省发展改革委	2020 年 8 月	环境资源价格政策
546	辽宁省成品油价格调整公告	辽宁省发展改革委	2020 年 8 月	环境资源价格政策
547	关于车用汽、柴油价格的通知	上海市发展改革委	2020 年 8 月	环境资源价格政策
548	江苏省成品油价格调整公告（2020 年第 6 号）	江苏省发展改革委	2020 年 8 月	环境资源价格政策
549	浙江省成品油价格按机制上调	浙江省发展改革委	2020 年 8 月	环境资源价格政策
550	关于成品油价格调整的通告	福建省发展改革委	2020 年 8 月	环境资源价格政策
551	我省成品油价格调整（2020 年 8 月 21 日）	山东省发展改革委	2020 年 8 月	环境资源价格政策
552	关于调整地热水和矿泉水水资源费收费标准的通知	福建省发展改革委福建省财政厅福建省水利厅	2020 年 8 月	环境资源价格政策
553	关于梅州市再生水价格管理指导意见的通知	梅州市丰顺县发展和改革局	2020 年 8 月	环境资源价格政策
554	关于华能罗源电厂 1 号、2 号燃煤机组实行超低排放电价的通知	福建省发展改革委	2020 年 9 月	环境资源价格政策
555	关于降低天然气发电上网电价和大工业电价有关事项的通知	天津市发展改革委	2020 年 9 月	环境资源价格政策
556	浙江省成品油价格按机制不做调整	浙江省发展改革委	2020 年 9 月	环境资源价格政策
557	关于调整民用瓶装液化石油气最高零售价格的通知	上海市发展改革委	2020 年 9 月	环境资源价格政策
558	本市成品油价格按机制下调	北京市发展改革委	2020 年 9 月	环境资源价格政策
559	关于调整我市成品油价格的公告	天津市发展改革委	2020 年 9 月	环境资源价格政策
560	关于调整成品油价格的公告（2020 年第 7 号）	河北省发展改革委	2020 年 9 月	环境资源价格政策
561	关于车用汽、柴油价格的通知	上海市发展改革委	2020 年 9 月	环境资源价格政策

序号	政策名称	发布部门	发布时间	政策类型
562	江苏省成品油价格调整公告（2020年第7号）	江苏省发展改革委	2020年9月	环境资源价格政策
563	浙江省成品油价格按机制下调	浙江省发展改革委	2020年9月	环境资源价格政策
564	关于成品油价格调整的通告	福建省发展改革委	2020年9月	环境资源价格政策
565	关于降低我市城市燃气管网居民用气销售价格的通知	天津市发展改革委	2020年9月	环境资源价格政策
566	关于召开天津市降低城市燃气管网居民用气价格听证会公告	天津市发展改革委	2020年9月	环境资源价格政策
567	辽宁省成品油价格调整公告	辽宁省发展改革委	2020年9月	环境资源价格政策
568	关于继续向企业征收水土保持补偿费有关问题的通知	天津市财政局	2020年9月	环境资源价格政策
569	关于加强再生水价格管理的意见	湖南省怀化市发展改革委	2020年9月	环境资源价格政策
570	关于降低本市非居民直供用户天然气价格的通知	上海市发展改革委	2020年9月	环境资源价格政策
571	关于油价调控风险准备金征管有关事项的公告	辽宁省国税局	2020年9月	环境资源价格政策
572	关于调整民用瓶装液化石油气最高零售价格的通知	上海市发展改革委	2020年10月	环境资源价格政策
573	浙江省成品油价格按机制不做调整	浙江省发展改革委	2020年10月	环境资源价格政策
574	关于印发《湘潭市再生水价格管理指导意见（试行）》的通知	湘潭市发展改革委	2020年10月	环境资源价格政策
575	关于完善钢铁、水泥和电解铝行业差别（阶梯）电价政策提高加价标准的通知	福建省发展改革委	2020年10月	环境资源价格政策
576	关于进一步完善蒙西地区"煤改电"电价政策的通知	内蒙古自治区发展改革委	2020年10月	环境资源价格政策
577	关于进一步明确我省居民电采暖用电价格政策的通知	陕西省发展改革委	2020年10月	环境资源价格政策
578	本市成品油价格按机制上调	北京市发展改革委	2020年10月	环境资源价格政策
579	关于调整我市成品油价格的公告	天津市发展改革委	2020年10月	环境资源价格政策
580	关于调整成品油价格的公告	河北省发展改革委	2020年10月	环境资源价格政策

序号	政策名称	发布部门	发布时间	政策类型
581	关于车用汽、柴油价格的通知	上海市发展改革委	2020 年 10 月	环境资源价格政策
582	浙江省成品油价格按机制上调	浙江省发展改革委	2020 年 10 月	环境资源价格政策
583	关于成品油价格调整的通告	福建省发展改革委	2020 年 10 月	环境资源价格政策
584	我省成品油价格调整(2020 年 10 月 22 日)	山东省发展改革委	2020 年 10 月	环境资源价格政策
585	我省按国家规定调整成品油最高批发价格和最高零售价格	甘肃省发展改革委	2020 年 10 月	环境资源价格政策
586	辽宁省成品油价格调整公告	辽宁省发展改革委	2020 年 10 月	环境资源价格政策
587	关于完善农业生产电价适用范围的通知	上海市发展改革委	2020 年 10 月	环境资源价格政策
588	江苏省成品油价格调整公告(2020 年第 8 号)	江苏省发展改革委	2020 年 10 月	环境资源价格政策
589	关于印发《建立健全城镇非居民用水超定额累进加价制度实施意见》的通知	湖北省发展改革委 湖北省住房和城乡建设厅 湖北省水利厅	2020 年 10 月	环境资源价格政策
590	河北省燃煤发电机组 2020 年第三季度和近期新享受环保电价燃煤发电机组大气污染物排放核定结果公示	河北省生态环境厅	2020 年 10 月	环境资源价格政策
591	关于水土保持补偿费征收标准的通知	天津市发展改革委	2020 年 10 月	环境资源价格政策
592	关于转发《关于公布光伏竞价转平价上网项目的通知》的通知	上海市发展改革委	2020 年 10 月	环境资源价格政策
593	关于临时调整 2020—2021 年供暖季非居民用天然气销售价格的通知	内蒙古自治区发展改革委	2020 年 10 月	环境资源价格政策
594	关于我省 2020 年度水泥、电解铝、钢铁企业生产用电阶梯电价标准的通知	青海省发展改革委	2020 年 10 月	环境资源价格政策
595	关于江苏电网 2020—2022 年输配电价和销售电价有关事项的通知	江苏省发展改革委	2020 年 11 月	环境资源价格政策
596	本市成品油价格按机制下调	北京市发展改革委	2020 年 11 月	环境资源价格政策
597	关于调整我市成品油价格的公告	天津市发展改革委	2020 年 11 月	环境资源价格政策
598	关于调整成品油价格的公告(2020 年第 9 号)	河北省发展改革委	2020 年 11 月	环境资源价格政策

序号	政策名称	发布部门	发布时间	政策类型
599	关于车用汽、柴油价格的通知	上海市发展改革委	2020 年 11 月	环境资源价格政策
600	江苏省成品油价格调整公告(2020年第9号)	江苏省发展改革委	2020 年 11 月	环境资源价格政策
601	浙江省成品油价格按机制下调	浙江省发展改革委	2020 年 11 月	环境资源价格政策
602	关于成品油价格调整的通告	福建省发展改革委	2020 年 11 月	环境资源价格政策
603	我省成品油价格调整（2020 年 11 月 5 日）	山东省发展改革委	2020 年 11 月	环境资源价格政策
604	我省按国家规定调整成品油最高批发价格和最高零售价格	甘肃省发展改革委	2020 年 11 月	环境资源价格政策
605	辽宁省成品油价格调整公告	辽宁省发展改革委	2020 年 11 月	环境资源价格政策
606	关于调整民用瓶装液化石油气最高零售价格的通知	上海市发展改革委	2020 年 11 月	环境资源价格政策
607	浙江省成品油价格按机制上调	浙江省发展改革委	2020 年 11 月	环境资源价格政策
608	关于福建省福能晋南热电有限公司 1 号、2 号机组上网电价的通知	福建省发展改革委	2020 年 11 月	环境资源价格政策
609	2020 年一季度和二季度油价调控风险准备金征收标准表	河北省税务局	2020 年 11 月	环境资源价格政策
610	关于征收油价调控风险准备金的公告	西藏自治区政府办公厅	2020 年 11 月	环境资源价格政策
611	福建省发展改革委关于我省燃气电厂有关电价调整的通知	福建省发展改革委	2020 年 11 月	环境资源价格政策
612	关于调整中海福建天然气有限责任公司印尼合同天然气门站价格的通知	福建省发展改革委	2020 年 11 月	环境资源价格政策
613	本市成品油价格按机制上调	北京市发展改革委	2020 年 11 月	环境资源价格政策
614	关于调整我市成品油价格的公告	天津市发展改革委	2020 年 11 月	环境资源价格政策
615	关于调整成品油价格的公告（2020 年第 10 号）	河北省发展改革委	2020 年 11 月	环境资源价格政策
616	关于车用汽、柴油价格的通知	上海市发展改革委	2020 年 11 月	环境资源价格政策
617	江苏省成品油价格调整公告（2020 年第 10 号）	江苏省发展改革委	2020 年 11 月	环境资源价格政策

序号	政策名称	发布部门	发布时间	政策类型
618	关于成品油价格调整的通告	福建省发展改革委	2020 年 11 月	环境资源价格政策
619	我省成品油价格调整（2020 年 11 月 19 日）	山东省发展改革委	2020 年 11 月	环境资源价格政策
620	辽宁省成品油价格调整公告	辽宁省发展改革委	2020 年 11 月	环境资源价格政策
621	关于加快推进水价机制改革工作的通知	山西省发展改革委	2020 年 11 月	环境资源价格政策
622	关于电价调整有关事项的通知	福建省发展改革委	2020 年 11 月	环境资源价格政策
623	关于制止餐饮浪费的决定	海口市人民代表大会常务委员会	2020 年 11 月	环境资源价格政策
624	关于进一步清理规范转供电环节加价有关问题的通知	内蒙古自治区发展改革委	2020 年 11 月	环境资源价格政策
625	关于印发《广西壮族自治区城镇管道燃气配气价格管理办法》的通知	广西壮族自治区发展改革委	2020 年 11 月	环境资源价格政策
626	关于调整销售电价及优化峰谷分时电价政策有关事项的通知	甘肃省发展改革委	2020 年 11 月	环境资源价格政策
627	关于降低本市大工业用电价格的通知	上海市发展改革委	2020 年 12 月	环境资源价格政策
628	关于车用汽、柴油价格的通知	上海市发展改革委	2020 年 12 月	环境资源价格政策
629	浙江省成品油价格按机制上调	浙江省发展改革委	2020 年 12 月	环境资源价格政策
630	关于成品油价格调整的通告	福建省发展改革委	2020 年 12 月	环境资源价格政策
631	我省成品油价格调整（2020 年 12 月 3 日）	山东省发展改革委	2020 年 12 月	环境资源价格政策
632	辽宁省成品油价格调整公告	辽宁省发展改革委	2020 年 12 月	环境资源价格政策
633	关于钢铁企业试行超低排放差别化电价政策的通知	山西省生态环境厅 山西省发展改革委 山西省工信厅 山西省财政厅 山西省能源局	2020 年 12 月	环境资源价格政策
634	关于调整民用瓶装液化石油气最高零售价格的通知	上海市发展改革委	2020 年 12 月	环境资源价格政策

序号	政策名称	发布部门	发布时间	政策类型
635	关于邵武市拿口水电站增效扩容后上网电价的通知	福建省发展改革委	2020 年 12 月	环境资源价格政策
636	江苏省成品油价格调整公告（2020 年第 12 号）	江苏省发展改革委	2020 年 12 月	环境资源价格政策
637	江苏省成品油价格调整公告（2020 年第 11 号）	江苏省发展改革委	2020 年 12 月	环境资源价格政策
638	浙江省成品油价格按机制上调	浙江省发展改革委	2020 年 12 月	环境资源价格政策
639	关于成品油价格调整的通告	福建省发展改革委	2020 年 12 月	环境资源价格政策
640	我省成品油价格调整（2020 年 12 月 17 日）	山东省发展改革委	2020 年 12 月	环境资源价格政策
641	关于印发《湖南省燃煤发电机组环保电价及环保设施运行监管实施细则》的通知	湖南省发展改革委 湖南省生态环境厅 湖南省市场监督管理局	2020 年 12 月	环境资源价格政策
642	关于明确燃煤、风电风力、光伏发电机组上网电价和环保电价结算相关事宜的通知	内蒙古自治区发展改革委	2020 年 12 月	环境资源价格政策
643	我省按国家规定调整成品油最高批发价格和最高零售价格	甘肃省发展改革委	2020 年 12 月	环境资源价格政策
644	省发展改革委关于居民阶梯电价"一户多人口"政策执行等有关事项的通知	浙江省发展改革委	2020 年 12 月	环境资源价格政策
645	关于青海电网 2020—2022 年目录销售电价和输配电价有关事项的通知	青海省发展改革委	2020 年 12 月	环境资源价格政策
646	关于调整甘肃省危险废物处置中心危险废物处置收费标准的批复	甘肃省发展改革委	2020 年 12 月	环境资源价格政策
647	关于明确分布式发电市场化交易和增量配电网试点项目有关电价问题的通知	江苏省发展改革委	2020 年 12 月	环境资源价格政策
648	江苏省成品油价格调整公告（2020 年第 13 号）	江苏省发展改革委	2020 年 12 月	环境资源价格政策
649	浙江省成品油价格按机制上调	浙江省发展改革委	2020 年 12 月	环境资源价格政策
650	我省成品油价格调整（2020 年 12 月 31 日）	山东省发展改革委	2020 年 12 月	环境资源价格政策
651	我省按国家规定调整成品油最高批发价格和最高零售价格	甘肃省发展改革委	2020 年 12 月	环境资源价格政策
652	关于提前下达 2020 年湿地生态补偿资金的通知	天津市财政局	2020 年 2 月	生态补偿政策
653	关于印发《内蒙古自治区建立市场化、多元化生态保护补偿机制行动计划》的通知	内蒙古自治区发展改革委	2020 年 6 月	生态补偿政策

序号	政策名称	发布部门	发布时间	政策类型
654	关于印发《河北省海洋生态补偿管理办法》的通知	河北省生态环境厅	2020 年 6 月	生态补偿政策
655	北京市 2019 年水环境区域补偿办法实施情况	北京市水务局	2020 年 6 月	生态补偿政策
656	关于下达 2020 年省内流域横向生态补偿项目计划的通知	广东省生态环境厅	2020 年 10 月	生态补偿政策
657	关于下达蓟州区 2020 年于桥水库库区生态补偿资金预算的通知	天津市财政局	2020 年 11 月	生态补偿政策
658	关于公开征求《天津市湿地生态补偿办法（征求意见稿）》意见的通知	天津市规划和自然资源局	2020 年 11 月	生态补偿政策
659	关于做好森林生态效益补偿工作的通知	西藏自治区政府办公厅	2020 年 11 月	生态补偿政策
660	关于印发《山东省海洋环境质量生态补偿办法》的通知	山东省财政厅	2020 年 12 月	生态补偿政策
661	关于印发贵州省赤水河等流域生态保护补偿办法的通知	贵州省人民政府	2020 年 12 月	生态补偿政策
662	关于印发《海南省流域上下游横向生态保护补偿实施方案》的通知	海南省人民政府办公厅	2020 年 12 月	生态补偿政策
663	关于下放矿业权登记权限的通知	河北省自然资源厅	2020 年 1 月	环境权益交易政策
664	海南省排污许可管理条例	海南省人民代表大会常务委员会	2020 年 1 月	环境权益交易政策
665	关于做好固定污染源排污许可清理整顿工作的通知	海南省生态环境厅	2020 年 1 月	环境权益交易政策
666	关于印发自治区深化公共资源交易平台整合共享实施方案的通知	内蒙古自治区人民政府办公厅	2020 年 1 月	环境权益交易政策
667	关于印发甘肃省自然资源统一确权登记总体工作方案的通知	甘肃省人民政府	2020 年 1 月	环境权益交易政策
668	关于印发《河北省招标拍卖挂牌出让海域使用权管理办法》的通知	河北省自然资源厅	2020 年 1 月	环境权益交易政策
669	关于固定污染源排污许可清理整顿和 2020 年排污许可发证登记的公告	安徽省生态环境厅	2020 年 1 月	环境权益交易政策
670	关于印发《青海省自然资源统一确权登记总体工作方案》的通知	青海省人民政府办公厅	2020 年 1 月	环境权益交易政策
671	关于印发《四川省自然资源厅矿业权出让收益评估工作管理办法（试行）》的通知	四川省自然资源厅	2020 年 1 月	环境权益交易政策
672	关于统筹推进自然资源资产产权制度改革的实施意见	山东省人民政府	2020 年 2 月	环境权益交易政策

序号	政策名称	发布部门	发布时间	政策类型
673	关于印发《山东省海域使用权招标拍卖挂牌出让管理办法》的通知	山东省人民政府	2020 年 2 月	环境权益交易政策
674	青海省主要污染物排污权交易资格审查办法	青海省生态环境厅	2020 年 3 月	环境权益交易政策
675	转发《自然资源部办公厅关于印发〈自然资源确权登记操作指南（试行）〉的通知》的通知	河北省自然资源厅	2020 年 3 月	环境权益交易政策
676	关于完善建设用地使用权转让、出租、抵押二级市场的实施意见	江西省人民政府	2020 年 3 月	环境权益交易政策
677	关于进一步做好林权类不动产登记工作的通知	广西壮族自治区自然资源厅	2020 年 3 月	环境权益交易政策
678	关于印发河南省自然资源统一确权登记总体工作方案的通知	河南省人民政府	2020 年 3 月	环境权益交易政策
679	关于印发《湖南省自然资源统一确权登记总体工作方案》的通知	湖南省人民政府	2020 年 3 月	环境权益交易政策
680	关于贯彻落实自然资源部推进矿产资源管理改革若干事项的实施意见（试行）	云南省自然资源厅	2020 年 3 月	环境权益交易政策
681	关于推进净采矿权出让工作的通知	云南省自然资源厅	2020 年 3 月	环境权益交易政策
682	关于印发《黑龙江省固定污染源排污许可清理整顿和 2020 年排污许可发证登记工作实施方案》的通知	黑龙江省生态环境厅	2020 年 4 月	环境权益交易政策
683	关于印发《湖北省固定污染源排污许可清理整顿和 2020 年排污许可发证登记工作方案》的通知	湖北省生态环境厅	2020 年 4 月	环境权益交易政策
684	关于规范碳排放权交易和用能权交易服务收费的通知	福建省发展改革委	2020 年 4 月	环境权益交易政策
685	关于印发广东省自然资源统一确权登记总体工作方案的通知	广东省人民政府	2020 年 4 月	环境权益交易政策
686	关于疫情期间减免湖北碳市场交易相关手续费的通知	湖北省生态环境厅	2020 年 4 月	环境权益交易政策
687	关于印发重庆市自然资源资产产权制度改革实施方案的通知	重庆市人民政府	2020 年 4 月	环境权益交易政策
688	关于印发广东省自然资源统一确权登记总体工作方案的通知	广东省人民政府	2020 年 5 月	环境权益交易政策
689	关于印发《关于贯彻落实自然资源部推进矿产资源管理改革意见的若干政策》的通知	宁夏回族自治区自然资源厅	2020 年 5 月	环境权益交易政策
690	关于印发自然资源统一确权登记总体工作方案的通知	陕西省人民政府	2020 年 5 月	环境权益交易政策

225

序号	政策名称	发布部门	发布时间	政策类型
691	关于 2019 年度碳排放配额有偿竞价发放的公告	天津市生态环境局	2020 年 6 月	环境权益交易政策
692	关于切实加强排污许可证执行报告公开工作的通知	黑龙江省生态环境厅	2020 年 6 月	环境权益交易政策
693	关于调整探矿权、采矿权使用费分成比例的通知	重庆市财政局	2020 年 6 月	环境权益交易政策
694	关于印发天津市碳排放权交易管理暂行办法的通知	天津市政府	2020 年 6 月	环境权益交易政策
695	关于《天津市碳排放权交易管理暂行办法》的政策解读	天津市生态环境局	2020 年 6 月	环境权益交易政策
696	贵州省 2020 年自然资源统一确权登记实施方案	贵州省自然资源厅	2020 年 6 月	环境权益交易政策
697	关于印发重庆市自然资源资产产权制度改革实施方案的通知	重庆市规划和自然资源局	2020 年 7 月	环境权益交易政策
698	关于完善建设用地使用权转让、出租、抵押二级市场的实施意见	江苏省人民政府	2020 年 7 月	环境权益交易政策
699	关于做好全区林权类不动产确权登记工作的通知	广西壮族自治区自然资源厅	2020 年 7 月	环境权益交易政策
700	关于贯彻落实矿产资源管理改革若干事项的实施意见	安徽省自然资源厅	2020 年 7 月	环境权益交易政策
701	关于印发《青海省建设国家循环经济发展先行区 2020 年度重点工作分工方案》的通知	青海省发展改革委循环经济发展处 青海省建设国家循环经济发展先行区工作领导小组办公室	2020 年 8 月	环境权益交易政策
702	关于印发《陕西省推进矿产资源管理改革若干事项的实施办法（暂行）》的通知	陕西省自然资源厅	2020 年 8 月	环境权益交易政策
703	关于推进矿产资源管理改革有关事项的意见	甘肃省自然资源厅	2020 年 8 月	环境权益交易政策
704	关于印发《湖北省 2019 年度碳排放权配额分配方案》的通知	湖北省生态环境厅	2020 年 8 月	环境权益交易政策
705	关于印发《贯彻实施〈自然资源部推进矿产资源管理改革若干事项的意见（试行）〉的意见》的通知	重庆市规划和自然资源局	2020 年 8 月	环境权益交易政策
706	关于天津市碳排放权交易试点纳入企业 2019 年度碳排放履约情况的公告	天津市生态环境局	2020 年 9 月	环境权益交易政策
707	关于印发《云南省自然资源统一确权登记总体工作方案》的通知	云南省人民政府办公厅	2020 年 9 月	环境权益交易政策
708	关于印发《湖北省自然资源资产产权制度改革实施方案》的通知	湖北省人民政府	2020 年 9 月	环境权益交易政策

序号	政策名称	发布部门	发布时间	政策类型
709	关于贯彻落实《自然资源部关于推进矿产资源管理改革若干事项的意见（试行）》的实施意见（试行）	黑龙江省自然资源厅	2020 年 9 月	环境权益交易政策
710	关于印发《内蒙古自治区推进自然资源资产产权制度改革实施方案》的通知	内蒙古自治区自然资源厅	2020 年 9 月	环境权益交易政策
711	关于进一步加强国有企业矿业权合作转让管理有关事宜的通知	内蒙古自治区人民政府办公厅	2020 年 10 月	环境权益交易政策
712	关于公开征求《天津市碳排放权抵消管理办法（试行）》意见的通知	天津市生态环境局	2020 年 10 月	环境权益交易政策
713	关于开展辽河口国家级自然保护区自然资源所有权首次登记的通告	广西自然资源厅	2020 年 10 月	环境权益交易政策
714	关于开展白石砬子国家级自然保护区自然资源所有权首次登记的通告	广西自然资源厅	2020 年 10 月	环境权益交易政策
715	关于推进矿产资源管理改革若干事项的通知	江苏省自然资源厅	2020 年 10 月	环境权益交易政策
716	关于印发《开展"碳汇+"交易助推构建稳定脱贫长效机制试点工作的实施意见》的通知	湖北省生态环境厅 湖北省农业农村厅 湖北省扶贫办 湖北省能源局 湖北省林业局	2020 年 11 月	环境权益交易政策
717	关于开展小凌河、中华鳖省级保护区自然资源所有权首次登记的通告	辽宁省自然资源厅	2020 年 11 月	环境权益交易政策
718	关于开展大伙房水库水源地保护区自然资源所有权首次登记的通告	广西自然资源厅	2020 年 11 月	环境权益交易政策
719	关于开展北票鸟化石国家级自然保护区自然资源所有权首次登记的通告	广西自然资源厅	2020 年 11 月	环境权益交易政策
720	关于印发《天津市绿色社区创建行动实施方案》的通知	天津市住建局	2020 年 11 月	环境权益交易政策
721	关于印发《湖南省主要污染物排污权有偿使用收入征收使用管理办法》的通知	湖南省财政厅 湖南省生态环境厅	2020 年 11 月	排污权交易政策
722	关于内蒙古自治区矿业权出让收益评估管理工作有关事宜的通知	内蒙古自治区自然资源厅	2020 年 11 月	环境权益交易政策
723	关于印发《黑龙江省环评与排污许可监管行动计划（2021—2023 年）》《黑龙江省2021 年度环评与排污许可监管工作实施方案》的通知	黑龙江省生态环境厅	2020 年 11 月	环境权益交易政策
724	关于进一步加强矿业权管理的通知	海南省人民政府办公厅	2020 年 12 月	环境权益交易政策

227

序号	政策名称	发布部门	发布时间	政策类型
725	关于印发《内蒙古自治区全面推进煤炭矿业权竞争性出让实施办法》的通知	内蒙古自治区人民政府办公厅	2020 年 12 月	环境权益交易政策
726	印发重庆市矿业权出让基准价（2020年版）的通知	重庆市规划和自然资源局	2020 年 12 月	环境权益交易政策
727	关于印发《重庆市国有土地使用权收回购办法》的通知	重庆市规划和自然资源局	2020 年 12 月	环境权益交易政策
728	关于做好 2020 年重点碳排放单位管理和碳排放权交易试点工作的通知	北京市生态环境局	2020 年 4 月	环境权益交易政策
729	关于印发《西藏自治区矿业权出让收益征收管理实施办法》的通知藏政办发〔2020〕32 号	西藏自治区人民政府办公厅	2021 年 1 月（文稿日期 2020 年 12 月日）	环境权益交易政策
730	关于修改《内蒙古自治区水资源税改革试点实施办法》有关内容的通知	内蒙古自治区人民政府	2019 年 11 月	绿色税收政策
731	关于修改《内蒙古自治区水资源税征收管理办法（试行）》有关内容的公告	内蒙古自治区税务局	2020 年 3 月	绿色税收政策
732	关于发布《四川省环境保护税应税污染物排放量抽样测算方法》的公告	四川省生态环境厅	2020 年 3 月	绿色税收政策
733	关于印发《山西省黄河（汾河）流域水污染治理攻坚方案》的通知	山西省人民政府	2020 年 3 月	绿色税收政策
734	关于明确页岩气开发分行政区域统计及税收分配有关事项的通知	重庆市人民政府	2020 年 3 月	绿色税收政策
735	关于新能源汽车免征车辆购置税有关政策的公告	江苏省财政厅	2020 年 4 月	绿色税收政策
736	关于云南省资源税税目税率计征方式及减免税办法的决定	云南省人民政府	2020 年 7 月	绿色税收政策
737	关于海南省资源税具体适用税率等有关事项的决定	海南省人民代表大会常务委员会	2020 年 8 月	绿色税收政策
738	关于河北省资源税适用税率、计征方式及免征减征办法的决定	河北省税务局	2020 年 8 月	绿色税收政策
739	省级自然资源非税收入目录	广西自然资源厅	2020 年 8 月	绿色税收政策
740	关于发布《山东省资源税征收管理办法》的公告	山东省财政厅	2020 年 8 月	绿色税收政策
741	关于《我区部分矿产资源税适用税率等税法授权事项建议草案》（征求意见稿）公开征求意见的通知	内蒙古自治区财政厅	2020 年 9 月	绿色税收政策
742	关于明确贵州省资源税省以下收入分享比例的通知	贵州省人民政府	2020 年 9 月	绿色税收政策

序号	政策名称	发布部门	发布时间	政策类型
743	关于资源税有关事项的通知	国家税务总局 甘肃省财政厅 甘肃省税务局	2020 年 9 月	绿色税收政策
744	关于印发《安徽省资源税实施细则》的通知	国家税务总局 安徽省财政厅 安徽省税务局 安徽省自然资源厅 安徽省水利厅 安徽省应急管理厅	2020 年 9 月	绿色税收政策
745	关于全面贯彻落实资源税法有关事项的通知	陕西省财政厅	2020 年 11 月	环境税费政策
746	关于开征成品油消费税的通知	西藏自治区政府办公厅	2020 年 11 月	环境税费政策
747	关于确定我区资源税应税产品组成计税价格成本利润率的公告	内蒙古自治区税务局	2020 年 11 月	绿色税收政策
748	关于提前下达 2021 年成品油税费改革转移支付预算的通知	河南省财政厅	2020 年 11 月	绿色税收政策
749	关于落实新能源汽车停放服务收费优惠政策有关问题的通知	云南省发展改革委	2020 年 12 月	绿色税收政策
750	关于调整甘肃省危险废物处置中心危险废物处置收费标准的批复	甘肃省发展改革委	2020 年 12 月	绿色税收政策
751	云南省矿山地质环境治理恢复基金管理暂行办法	云南省自然资源厅	2020 年 1 月	绿色金融政策
752	河北省扬尘污染防治办法	河北省人民政府	2020 年 2 月	绿色金融政策
753	关于油气探矿权延续及矿山环境治理恢复基金提取有关事项的意见	山西省自然资源厅	2020 年 2 月	绿色金融政策
754	土壤污染防治基金管理办法	江西省自然资源厅	2020 年 3 月	绿色金融政策
755	关于印发《2020 年北京市生态公益林保险实施方案》的通知	北京市园林绿化局	2020 年 3 月	绿色金融政策
756	市生态环境局公开征求废止《天津市机动车排气污染防治管理办法》意见	天津市生态环境局	2020 年 4 月	绿色金融政策
757	关于环境污染强制责任保险试点有关工作的通知	山西省生态环境厅	2020 年 6 月	绿色金融政策
758	关于《重庆市矿山地质环境治理恢复基金管理办法》的补充通知	重庆市财政局 重庆市规划和自然资源局 重庆市生态环境局	2020 年 7 月	绿色金融政策

229

序号	政策名称	发布部门	发布时间	政策类型
759	兰州新区建设绿色金融改革创新试验区实施方案	甘肃省人民政府办公厅	2020 年 7 月	绿色金融政策
760	关于印发《山西省碳基新材料产业集群创新生态建设 2020 年行动计划》的通知	山西省工业和信息化厅	2020 年 8 月	绿色金融政策
761	关于印发《安徽省矿山地质环境治理恢复基金管理实施细则（试行）》的通知	安徽省自然资源厅 安徽省财政厅 安徽省生态环境厅	2020 年 8 月	绿色金融政策
762	关于印发《广东省自然资源厅矿山地质环境治理恢复基金管理暂行办法》的通知	广东省自然资源厅	2020 年 8 月	绿色金融政策
763	关于印发《山东省矿山地质环境治理恢复基金管理暂行办法》的通知	山东省自然资源厅 山东省财政厅 山东省生态环境厅	2020 年 8 月	绿色金融政策
764	关于金融支持水利工程建设的指导意见	辽宁省水利厅 国家开发银行辽宁省分行	2020 年 8 月	绿色金融政策
765	关于印发《山东省矿山地质环境治理恢复基金管理暂行办法》的通知	山东省人民政府	2020 年 9 月	绿色金融政策
766	关于印发《关于加快湖南省农业保险高质量发展的实施方案》的通知	湖南省财政厅 湖南省农业农村厅 中国银保监会湖南监管局 湖南省林业局	2020 年 9 月	绿色金融政策
767	关于印发《环境污染强制责任保险试点实施方案（试行）》的通知	山西省生态环境厅 中国银保监会山西监管局	2020 年 10 月	绿色金融政策
768	关于推进环境污染强制责任保险试点工作的指导意见	山西省生态环境厅 山西银保监局筹备组	2020 年 10 月	绿色金融政策
769	关于印发《天津市绿色建筑创建行动实施方案》的通知	天津市住建局	2020 年 10 月	绿色金融政策
770	关于印发《安徽省加快农业保险高质量发展工作方案》的通知	安徽省财政厅 安徽省农业农村厅 安徽省林业局 安徽省地方金融监督管理局 中国银保监会安徽监管局	2020 年 10 月	绿色金融政策
771	深圳经济特区绿色金融条例	深圳市第六届人民代表大会常务委员会	2020 年 11 月	绿色金融政策
772	关于印发《山西省政府投资基金管理办法》的通知	山西省人民政府	2020 年 11 月	绿色金融政策
773	关于调整森林保险保额和费率等有关事项的通知	安徽省财政厅 安徽省林业局 安徽省地方金融监督管理局 中国银保监会安徽监管局	2020 年 11 月	绿色金融政策

序号	政策名称	发布部门	发布时间	政策类型
774	关于印发《山西省政府专项债券管理暂行办法》的通知	山西省人民政府	2020 年 12 月	绿色金融政策
775	关于印发《河南省矿山地质环境治理恢复基金管理办法》的通知	河南省财政厅 河南省自然资源厅 河南省生态环境厅	2020 年 12 月	绿色金融政策
776	关于印发《山西省环境污染强制责任保险投保企业环境风险防控服务工作指南（试行）》的通知	山西省生态环境厅 山西省银保监局	2020 年 12 月	绿色金融政策
777	关于印发探索利用市场化方式推进矿山生态修复实施意见的通知	宁夏回族自治区自然资源厅	2020 年 2 月	环境市场政策
778	关于征集构建完善我市现代环境治理体系意见建议的公告	天津市生态环境局	2020 年 3 月	环境市场政策
779	关于印发广西进一步加快推进 PPP 工作促进经济平稳发展十条措施的通知	广西壮族自治区人民政府办公厅	2020 年 3 月	环境市场政策
780	关于印发《河北省关于探索利用市场化方式推进矿山生态修复的实施办法》的通知	河北省自然资源厅	2020 年 4 月	环境市场政策
781	关于《辽宁省构建现代环境治理体系实施方案》（征求意见稿）公开征求意见的公告	辽宁省生态环境厅	2020 年 4 月	环境市场政策
782	关于转发污水处理和垃圾处理领域 PPP 项目合同示范文本的通知	重庆市财政局	2020 年 4 月	环境市场政策
783	关于印发《贵州省探索利用市场化方式推进矿山生态修复实施办法》的通知	贵州省自然资源厅	2020 年 4 月	环境市场政策
784	关于公示张家口市参与四方协作机制市场化交易准入企业的通告	河北省发展改革委	2020 年 6 月	环境市场政策
785	关于公示张家口海珀尔新能源科技有限公司参与四方协作机制市场化交易的通告	河北省发展改革委	2020 年 7 月	环境市场政策
786	关于印发《贵州省关于构建现代环境治理体系的实施意见》的通知	贵州省生态环境厅	2020 年 7 月	环境市场政策
787	关于授权天津市北部山区生态保护 PPP 项目实施机构的批复	天津市人民政府	2020 年 8 月	环境市场政策
788	关于申报《贵州省土壤污染防治条例（暂定）》第三方立法项目的公告	贵州省生态环境厅	2020 年 9 月	环境市场政策
789	关于加强政府和社会资本合作（PPP）项目市级论证和备案采购管理的通知	南京市财政局	2020 年 9 月	环境市场政策
790	关于进一步加强 PPP 项目绩效管理的通知	江苏省财政厅金融处	2020 年 9 月	环境市场政策
791	关于印发《2020 年广西深入推进政府和社会资本合作工作百日攻坚行动方案》的通知	广西壮族自治区人民政府办公厅	2020 年 9 月	环境市场政策

中国环境规划政策绿皮书

中国环境经济政策发展报告 2020

序号	政策名称	发布部门	发布时间	政策类型
792	关于印发《山东省贯彻落实〈关于构建现代环境治理体系的指导意见〉的若干措施》的通知	山东省人民政府	2020 年 10 月	环境市场政策
793	中山市政府和社会资本合作项目管理办法	中山市人民政府	2020 年 12 月	环境市场政策
794	青海省外商投资项目核准和备案管理办法（修订）	青海省人民政府办公厅	2020 年 1 月	绿色贸易政策
795	关于印发《安徽省自然资源市场信用管理实施办法》的通知	安徽省自然资源厅	2020 年 7 月	绿色贸易政策
796	关于印发自治区推进贸易高质量发展行动计划（2020—2022 年）的通知	内蒙古自治区人民政府	2020 年 12 月	绿色贸易政策
797	青海省生态环境损害赔偿磋商办法和修复监督管理办法	青海省生态环境厅	2020 年 1 月	环境资源价值核算政策
798	安徽省关于加快推进林权收储担保的指导意见	安徽省林业局 安徽省地方金融监督管理局 中国银保监会安徽监管局	2020 年 4 月	环境资源价值核算政策
799	关于印发《甘肃省生态环境损害赔偿资金管理办法（试行）》的通知	甘肃省财政厅	2020 年 4 月	环境资源价值核算政策
800	关于做好全民所有自然资源资产清查和负债表试填数据管理工作的通知	青海省自然资源厅办公室	2020 年 4 月	环境资源价值核算政策
801	关于印发《广东省生态环境损害赔偿工作办法（试行）》的通知	广东省人民政府	2020 年 9 月	环境资源价值核算政策
802	生态系统生产总值（GEP）核算技术规范 陆域生态系统	浙江省市场监督管理局	2020 年 9 月	环境资源价值核算政策
803	深圳市生态产品价值（GEP）核算统计报表制度（2019 年度）	深圳市统计局	2020 年 10 月	环境资源价值核算政策
804	上海市生态环境损害赔偿制度改革实施方案	上海市人民政府	2020 年 11 月	环境资源价值核算政策
805	关于下达 2020 年生态环境损害赔偿资金的通知	江苏省财政厅	2020 年 12 月	环境资源价值核算政策
806	关于河道砂石经营收益、生态环境损害赔偿资金征管职责划转有关事项的公告	国家税务总局 湖南省税务局 湖南省财政厅 湖南省水利厅 湖南省生态环境厅	2020 年 12 月	环境资源价值核算政策
807	关于印发《河南省生态环境服务机构环境信用评价管理办法》的通知	河南省生态环境厅	2020 年 1 月	行业环境经济政策

序号	政策名称	发布部门	发布时间	政策类型
808	河北四部门关于做好 2020 年重点用水企业水效领跑者推荐工作的通知	河北省工业和信息化厅 河北省水利厅 河北省发展改革委员会 河北省市场监督管理局	2020 年 1 月	行业环境经济政策
809	关于促进稀土产业高质量发展的实施意见	江西省人民政府	2020 年 1 月	行业环境经济政策
810	关于印发《湖南省水利建设市场主体信用评价管理办法》的通知	湖南省水利厅	2020 年 1 月	行业环境经济政策
811	关于加快推进页岩气产业发展的指导意见（2019—2025 年）	贵州省人民政府	2020 年 1 月	行业环境经济政策
812	关于印发《浙江省企业环境信用评价管理办法（试行）》的通知	浙江省生态环境厅	2020 年 1 月	行业环境经济政策
813	关于印发《海南省不纳入环境影响评价管理建设项目名录（2020 年版）》的通知	海南省生态环境厅	2020 年 1 月	行业环境经济政策
814	关于公布第一批省级绿色矿山名录的公告	湖南省自然资源厅	2020 年 1 月	行业环境经济政策
815	关于规范废弃露天矿山采取自然恢复方式进行治理的通知	安徽省自然资源厅	2020 年 3 月	行业环境经济政策
816	关于发布《2020 年度湖北省水污染防治技术指导目录》的通知	湖北省科技厅	2020 年 3 月	行业环境经济政策
817	关于组织开展 2020 重点用水企业水效领跑者遴选工作的通知	山西省工业和信息化厅	2020 年 3 月	行业环境经济政策
818	关于组织开展第五批绿色制造名单推荐工作的通知	山西省工业和信息化厅	2020 年 3 月	行业环境经济政策
819	关于推动制造业高质量发展的实施方案	宁夏回族自治区人民政府办公厅	2020 年 3 月	行业环境经济政策
820	关于公布北京市分布式光伏发电项目奖励名单（第九批）的通知	北京市发展改革委	2020 年 3 月	行业环境经济政策
821	关于发布海南省工业固体废物资源综合利用评价机构名单的通知	海南省工业和信息化厅	2020 年 4 月	行业环境经济政策
822	关于印发《湖南省绿色设计产品评价管理办法》的通知	湖南省工业和信息化厅	2020 年 4 月	行业环境经济政策
823	陕西省绿色商场创建实施工作方案（2020－2022）	陕西省商务厅 陕西省发展改革委	2020 年 4 月	行业环境经济政策
824	关于印发《山西省节能与新能源汽车产业培育 2020 年行动计划》的通知	山西省工业和信息化厅	2020 年 4 月	行业环境经济政策
825	关于加快培育氢能产业发展的指导意见	宁夏回族自治区人民政府办公厅	2020 年 5 月	行业环境经济政策

233

中国环境规划政策绿皮书
中国环境经济政策发展报告 2020

序号	政策名称	发布部门	发布时间	政策类型
826	关于印发《海南省加快区块链产业发展若干政策措施》的通知	海南省工业和信息化厅	2020 年 5 月	行业环境经济政策
827	关于印发《支持重点行业和重点设施超低排放改造（深度治理）的若干措施》的通知	河北省人民政府	2020 年 5 月	行业环境经济政策
828	关于河南省第五批绿色制造评审结果的公示	河南省工业和信息化厅	2020 年 5 月	行业环境经济政策
829	关于组织申报第二批工业产品绿色设计示范企业的通知	河南省工业和信息化厅	2020 年 6 月	行业环境经济政策
830	关于组织开展再生资源综合利用行业规范企业申报工作的通知	河南省工业和信息化厅	2020 年 6 月	行业环境经济政策
831	关于开展企业温室气体排放信息自愿披露工作的通知	黑龙江省生态环境厅	2020 年 6 月	行业环境经济政策
832	关于落实生态保护红线、环境质量底线、资源利用上线制定生态环境准入清单实施生态环境分区管控的通知	四川省人民政府	2020 年 6 月	行业环境经济政策
833	关于印发《安徽省在建与生产矿山生态修复管理暂行办法》的通知	安徽省自然资源厅	2020 年 7 月	行业环境经济政策
834	关于印发《山西省绿色建材工业 2020 年行动计划》的通知	山西省工业和信息化厅	2020 年 7 月	行业环境经济政策
835	关于推动先进制造业和现代服务业深度融合发展的政策措施 关于印发《江西省加强塑料污染治理的实施方案》的通知	江西省发展改革委 江西省生态环境厅	2020 年 7 月	行业环境经济政策
836	关于公布 2020 年全省实施清洁生产审核企业名单的通知	黑龙江省生态环境厅	2020 年 7 月	行业环境经济政策
837	关于公布四川省一级古树和名木名录的通告	四川省人民政府	2020 年 7 月	行业环境经济政策
838	关于促进砂石行业健康有序发展的实施意见	安徽省发展改革委 安徽省经济和信息化厅 安徽省公安厅 安徽省财政厅 安徽省自然资源厅 安徽省生态环境厅	2020 年 7 月	行业环境经济政策
839	关于印发《关于进一步加强塑料污染治理的实施方案》的通知	贵州省发展改革委 贵州省生态环境厅	2020 年 8 月	行业环境经济政策
840	关于印发《山西省实施新一轮企业技术改造 2020 年行动计划》的通知	山西省工业和信息化厅	2020 年 8 月	行业环境经济政策

序号	政策名称	发布部门	发布时间	政策类型
841	关于组织开展《国家鼓励发展的重大环保技术装备目录（2020年版）》推荐工作的通知	河南省工业和信息化厅	2020年8月	行业环境经济政策
842	关于印发《云南省加快新能源汽车产业发展和推广应用若干政策措施》的通知	云南省人民政府办公厅	2020年8月	行业环境经济政策
843	关于印发《贵州省锰产业绿色发展和锰渣治理奖补资金管理办法》的通知	贵州省工业和信息化厅	2020年8月	行业环境经济政策
844	关于公布《江西省危险废物重点监管企业（2020年更新）》的通知	江西省生态环境厅	2020年8月	行业环境经济政策
845	关于印发《山西省半导体产业集群创新生态建设2020年行动计划》的通知	山西省工业和信息化厅	2020年8月	行业环境经济政策
846	关于印发《山西省光伏产业集群创新生态建设2020年行动计划》的通知	山西省工业和信息化厅	2020年8月	行业环境经济政策
847	天津市进一步加强塑料污染治理工作实施方案	天津市生态环境局 天津市发展改革委	2020年8月	行业环境经济政策
848	关于有效期内砂石矿山及剥离物有偿处置试点矿山目录的公告	安徽省自然资源厅	2020年9月	行业环境经济政策
849	关于促进砂石行业健康有序发展的实施意见	河南省人民政府	2020年9月	行业环境经济政策
850	关于印发《加快推进甲醇汽车产业发展和全省域推广应用的实施方案》的通知	山西省工业和信息化厅	2020年10月	行业环境经济政策
851	关于印发吉林省湿地名录管理办法的通知	吉林省人民政府	2020年10月	行业环境经济政策
852	关于印发《开展生态环境保护失信问题专项治理行动工作方案》的通知	黑龙江省生态环境厅	2020年10月	行业环境经济政策
853	关于建立新兴产业链工作推进机制的通知	河南省人民政府	2020年11月	行业环境经济政策
854	关于印发《山西省风电装备制造业发展三年行动计划（2020—2022年）》的通知	山西省工业和信息化厅	2020年11月	行业环境经济政策
855	关于促进建筑业转型升级高质量发展的意见	江西省人民政府	2020年11月	行业环境经济政策
856	关于发布《湖南省"三线一单"生态环境总体管控要求暨省级以上产业园区生态环境准入清单》的函	湖南省生态环境厅	2020年11月	行业环境经济政策
857	关于进一步支持光伏发电系统推广应用的通知	北京市发展改革委 北京市财政局 北京市住房和城乡建设委员会	2020年11月	行业环境经济政策

序号	政策名称	发布部门	发布时间	政策类型
858	关于开展湖北省绿色产业项目库建设工作的通知	湖北省发展改革委	2020 年 12 月	行业环境经济政策
859	关于印发《关于促进吉林省砂石行业健康有序发展的实施方案》的通知	吉林省发展改革委	2020 年 12 月	行业环境经济政策
860	关于 2020 年度新增湖南省绿色矿山的公示（第二批）	湖南省自然资源厅	2020 年 12 月	行业环境经济政策
861	山西省光伏制造业发展三年行动计划（2020—2022 年）	山西省工业和信息化厅	2020 年 12 月	行业环境经济政策
862	2020 年河南省铸造企业产能置换方案（第二批）公示	河南省工业和信息化厅 河南省发展改革委 河南省生态环境厅	2020 年 12 月	行业环境经济政策
863	关于 2020 年度新增湖南省绿色矿山的公示（第三批）	湖南省自然资源厅	2020 年 12 月	行业环境经济政策
864	关于深入推进创新型产业集群发展若干措施的通知	湖北省科技厅	2020 年 12 月	行业环境经济政策
865	关于《贵州省 2019 年度重点排污单位环境信用评价初评结果》的公示	贵州省生态环境厅	2020 年 12 月	行业环境经济政策
866	关于加强财政和金融统筹联动支持实体经济发展的实施意见	广西壮族自治区人民政府办公厅	2020 年 12 月	行业环境经济政策
867	关于发布《黑龙江省危险废物环境重点监管单位清单》的通知	黑龙江省生态环境厅	2020 年 12 月	行业环境经济政策
868	关于 2020 年度新增湖南省绿色矿山的公示（第四批）	湖南省自然资源厅	2020 年 12 月	行业环境经济政策
869	关于 2020 年度新增湖南省绿色矿山的公示（第五批）	湖南省自然资源厅	2020 年 12 月	行业环境经济政策
870	关于公布 2020 年度湖南绿色制造体系示范单位名单的通知	湖南省工业和信息化厅	2020 年 12 月	行业环境经济政策
871	关于公布 2020 年度贵州省绿色制造名单的通知	贵州省工业和信息化厅	2020 年 12 月	行业环境经济政策
872	关于印发《宁夏回族自治区农田建设补助资金管理实施细则》的通知	宁夏回族自治区财政厅	2020 年 1 月	行业环境经济政策
873	关于印发《云南省生态环境违法行为举报奖励办法（试行）》的通知	云南省生态环境厅 云南省财政厅	2020 年 12 月	行业环境经济政策

参考文献

[1] 陈剑慧，罗海胜，张亚. 对我国政府绿色采购的建议[J]. 中国政府采购，2020，12：1-2.

[2] 胡丽君. 绿色政府采购的国际经验及对我国的启示[J]. 行政事业资产与财务，2020，1：1-2.

[3] 湖北省城镇非居民用水将实行"阶梯水价"[J]. 给水排水，2020，56（12）：135.

[4] 魏巍. 我国农业水价改革政策回顾分析[J]. 经济研究导刊，2020（34）：15-16，22.

[5] 朱康. 农业水价综合改革意义及其措施成效分析[J]. 农业科技与信息，2021（1）：75-77.

[6] 冯欣，姜文来，刘洋，等. 绿色发展背景下农业水价综合改革研究[J]. 中国农业资源与区划，2020，41（10）：25-31.

[7] 邹涛. 我国农业水价综合改革的进展、问题及对策[J]. 价格理论与实践，2020（5）：41-44.

[8] 刘树杰，杨娟，郭珹. 完善长江经济带污水治理价格政策研究[J]. 宏观经济管理，2019（9）：66-70，90.

[9] 吴丽玲. 污水处理成本定价研究[J]. 价格月刊，2019（4）：13-17.

[10] 马乃毅. 城镇污水处理定价研究[D]. 杨凌：西北农林科技大学，2010.

[11] 沈大军. 突破水价改革困境，推进落实节水优先方针[J]. 中国水利，2020（7）：20-22.

[12] 张宁，毛国华. 关于城市生活垃圾处理收费定价的研究与思考[J]. 市场周刊，2020，33（12）：128-129，186.

[13] 郭倩倩，杨青. 生活垃圾收费模式运作困境及对策研究[J]. 现代商贸工业，2019，40（34）：92-94.

[14] 郝春旭. 深化生态保护补偿制度，发挥政策导向作用[N]. 中国环境报，2021-06-21（03）.

[15] 陈岗. 云南省完善森林生态效益补偿制度研究[J]. 环境科学与管理，2020，45（12）：10-13.

[16] 廖华. 重点生态功能区建设中生态补偿的实践样态与制度完善[J]. 学习与实践，2020（12）：55-62.

[17] 张越，姜大川，王尔菲耶，等. 我国水流生态保护补偿机制建设的理论进展与实践探索[J]. 水利规划与设计，2020（12）：55-59.

[18] 陈妍. 完善生态补偿机制，促进区域协调发展[J]. 科技中国，2020（12）：47-50.

[19] 许凤冉，唐颖复，阮本清，等. 跨省江河源区生态补偿机制框架与案例研究[J]. 水利发展研究，2020，20（12）：9-13.

[20] 毛帜. 森林生态效益补偿制度比较研究[J]. 法制博览，2020（34）：137-138.

[21] 魏帮胜. 三江源流域生态补偿横向转移支付制度研究[J]. 黑龙江生态工程职业学院学报，2020，33（6）：1-3，29.

[22] 焦丽鹏，刘春腊，徐美. 近20年来生态补偿绩效测评方法研究综述[J]. 生态科学，2020，39（6）：213-223.

[23] 廖媛媛. 流域治理生态补偿机制研究——以"新安江模式"为例[J]. 安徽农学通报，2020，26（21）：130-131，161.

[24] 陈根发，林希晨，倪红珍，等. 我国流域生态补偿实践[J]. 水利发展研究，2020，20（11）：24-28.

[25] 靳乐山. 生态补偿机制：促进绿色和均衡发展的重要政策工具[J]. 中国报道，2020（11）：41-43.

[26] 樊存慧. 生态补偿横向转移支付研究动态及文献评述[J]. 财政科学，2020（10）：136-142.

[27] 陈金木，王俊杰. 我国水权改革进展、成效及展望[J]. 水利发展研究，2020，20（10）：70-74.

[28] 夏洪伟，郑骥. 用能权存量交易模式的探讨[J]. 上海节能，2020（12）：1413-1417.

[29] 胡楠，裴庆冰. 完善用能权交易制度，推动节能增效[J]. 宏观经济管理，2020（12）：43-49.

[30] 钟骁勇，潘弘韬，李彦华. 我国自然资源资产产权制度改革的思考[J]. 中国矿业，2020，

29（4）：11-15，44.

[31] 戴晓燕. 排污权交易现状及相关问题探讨[J]. 技术与市场，2020，27（8）：172，174.

[32] 刘琛，宋尧. 中国碳排放权交易市场建设现状与建议[J]. 国际石油经济，2019，27（4）：47-53.

[33] 袁另凤. 我国排污权交易发展历程及展望[J]. 合作经济与科技，2021（1）：76-77.

[34] 全面与进步跨太平洋伙伴关系协定[CPTPP]. http://www. caitec. org. cn/n5/sygzdtxshd/json/5143. html.

[35] 固体废物进口量同比再减四成，年底将实现"洋垃圾"零进口[EB/OL]. https://baijiahao. baidu. com/s？id=1655984959307393787&wfr=spider&for=pc.

[36] 张晓瑞，尹彦，刘乐. 《全面与进步跨太平洋伙伴关系协定》政府采购领域其他实体出价情况研究[J]. 标准科学，2020（10）：31-35.